U0826829

资助单位:新疆新天联华气象科技有限公司

新疆气象防灾减灾服务平台应用

郑国宏　陈金根　刘兆旭　刘　晶　张永军　主编

气象出版社
China Meteorological Press

内容简介

本书介绍的气象防灾减灾决策服务平台，实现了地市级行政区域内自动站数据的预警制作、综合报警、预警发布、地图制作、灾情数据管理、灾情统计以及防灾减灾数据集管理等功能，能够在气象防灾减灾决策服务、预警服务、灾害应急救援方面提供气象保障服务。本书内容包括气象防灾减灾服务平台简介、平台功能简介、平台使用指南等，为地方政府制定防灾减灾决策提供气象服务与支撑。

本书可供从事气象防灾减灾业务人员，以及地方政府、科研人员参考使用。

图书在版编目（CIP）数据

新疆气象防灾减灾服务平台应用 / 郑国宏等主编
. -- 北京 : 气象出版社, 2023.4
ISBN 978-7-5029-7767-2

Ⅰ. ①新… Ⅱ. ①郑… Ⅲ. ①气象灾害－灾害防治－气象服务－新疆 Ⅳ. ①P429

中国版本图书馆CIP数据核字(2022)第136160号

新疆气象防灾减灾服务平台应用
Xinjiang Qixiang Fangzai Jianzai Fuwu Pingtai Yingyong

出版发行：气象出版社
地　　址：北京市海淀区中关村南大街 46 号　　**邮政编码**：100081
电　　话：010-68407112(总编室)　010-68408042(发行部)
网　　址：http://www.qxcbs.com　　**E-mail**：qxcbs@cma.gov.cn
责任编辑：郑乐乡　　**终　　审**：张　斌
责任校对：张硕杰　　**责任技编**：赵相宁
封面设计：艺点设计
印　　刷：北京建宏印刷有限公司
开　　本：787 mm×1092 mm　1/16　　**印　　张**：4.5
字　　数：110 千字
版　　次：2023 年 4 月第 1 版　　**印　　次**：2023 年 4 月第 1 次印刷
定　　价：25.00 元

本书如存在文字不清、漏印以及缺页、倒页、脱页等，请与本社发行部联系调换

本书编写组

主　　编：郑国宏　陈金根　刘兆旭　刘　晶　张永军

编 写 组：孔子铭　李　晨　马亚伟　闫小红　喻俊干

李　苏　李　帅　武泳柏　赵宇蕾　刚　赫

西尔扎提·阿不都克力木　邵雨晴　何　建

莱全州　祝伟杰　黄　宇　高建刚　范子昂

胡东北　张　晗　霍　达　樊　星　张华萍

前 言

近年来，伴随信息化技术的不断发展，互联网、大数据及智能化等新技术的出现及应用，不断推动着各行业科技产业向前发展。随着社会公众及各行业日益增长的气象服务需求，在要求高时、空分辨率及预报准确率的同时，第一时间将气象信息发布到用户手里，为决策者争取更多决策时间显得非常重要。因此，在对气象服务产品精准度和时效提出高要求的同时，随着服务面的日益广泛、需求不断增长、产品类型及发布渠道的增多，传统的手动制作已越来越难以满足当前业务需求。因此，拥有一套融合、协同、智能的气象防灾减灾气象服务平台来提高产品制作和发布效率，满足当前行业需求势在必行。研制气象防灾减灾气象服务平台，以期为地方政府制定防灾减灾决策提供气象服务与支撑。

新疆气象防灾减灾服务平台的建设，实现了集气象大数据管理、气象信息共享与服务、统一的流程管理、全流程实时监控、信息管理、共享服务、应用开发和业务监控平台，统一了气象数据应用架构标准，规范了业务流程，提供了天气预报、天气实况、降水提醒、气象灾害预警。

新疆气象防灾减灾服务平台，采用主流的B/S架构。主要由防灾减灾决策服务平台、预警发布系统、产品发布系统、短临预警平台、综合观测平台、决策服务平台组成。实现了地市级行政区域内自动气象站数据的预警制作、综合报警、预警发布、地图制作、灾情数据管理、灾情统计以及防灾减灾数据集管理等功能。

本书因编写时间仓促，难免存在一些不足之处甚至错误。衷心期望大家结合使用提出宝贵意见和建议，以便我们完善更新。

编者

2022年3月

目　录

第1章 概 述

1.1 平台建设背景

据党中央、国务院关于《防灾减灾救灾机制改革意见》和习近平总书记关于综合防灾减灾救灾的重要论述，坚持预防为主，努力把灾害风险和损失降至最低。基层气象预警服务是气象防灾减灾工作的重点，随着气象现代化水平的提高，气象观测网络逐步完善，云计算、大数据、人工智能、地理信息等新技术新方法的快速发展，为提升基层气象防灾减灾能力和水平提供了支撑基础。依据《中国气象局关于加强气象防灾减灾工作的意见》《基层气象灾害预警服务能力建设指南》（以下简称《指南》）、《新疆基层气象灾害预警服务业务建设实施方案》和《智慧气象服务发展行动计划（2019—2023年）》文件精神，对基层气象防灾减灾工作提出了新的要求，亟待开展基层气象防灾减灾“一本账”“一张图”“一张网”“一把尺”“一队伍”“一平台”的“六个一”建设工作，“一平台”即新疆气象防灾减灾服务平台，作为基层气象预警服务工作的重要工具以及基层气象防灾减灾相关信息动态的展示窗口，既是建设重点，也是建设难点，进一步拓展和优化功能，建设满足现阶段气象防灾减灾业务平台，更好地提升基层防灾减灾能力和效率，有重要意义。

目前，现有新疆预报服务区地县一体化平台存在问题分析。

（1）信息显示分析问题：现有地理信息地图数据分辨率较低，不能满足《指南》要求，需采用“由国家卫星中心下发的高分辨率卫星遥感影像图为底图制作，要求能分辨地形地貌、河流水系、植被分布、村庄、道路、街区、建筑设施等”的遥感资料；缺乏气象防灾减灾相关信息的显示功能，需要将防灾减灾信息在平台数据化、动态化显示；缺乏深度的自动站历史实况、灾情数据分析功能，导致在服务过程中难以快速准确地得到需要的数据支持，如：日降水历史排位、温度历史排位等；现有平台显示界面部分功能设计呆板，如没有位置定位、测距、截图等功能，缺乏实用方便的快捷工具，用户体验较差；信息无法导出成可直接用于预报服务材料的表格。

（2）超阈值自动预警功能不完善：还未能实现上游或邻近地区出现重大灾害性天气时的自动报警；本辖区超过隐患点致灾临界阈值的自动报警；本辖区信息员上报灾情的自动报警。

（3）缺乏高质量的气象服务产品制作环境：现有平台的图片产品制作素材种类较少，缺少二次计算的图形产品，图片美观程度还有待进一步提高，缺乏图形的交互编辑工具；不具备产品的智能制作功能，影响了决策服务产品的制作效率。

（4）预警服务信息发布问题：现有平台没有纠错功能，在预警发布接口上还不能同突发事件预警信息发布系统无缝联通，不能实现预警信息通过手机短信、大喇叭、显示屏、网站、微信、传真等渠道一键式发布；缺乏为电话叫应服务提供辅助支持。

（5）缺乏区、地、县联动桥梁及产品共享平台：面向区级、地（州）级、县级用户，各级用户具有不同的需求，缺乏个性化的功能设计和上下游之间的实时信息传递，不利于区、地、县之间联动，导致决策建议指导性和针对性不强，限制决策气象服务水平的提升；没有区、地、县三级的预报服务材料共享平台。

(6)缺乏完善的自动留痕,预警设施监控以及服务信息监控功能。

1.2　总体目标

(1)本项目的软件开发,须使用数据、算法和应用(前端)彻底分离的松耦合架构。所有基础数据通过数据接口从标准统一的新疆气象数据环境获取,可建立应用数据库优化数据结构,保存业务产品。各类业务算法使用模块化开发和容器技术上传镜像至新疆气象信息中心容器集,实际部署后通过算法接口调用。数据接口、算法接口和产品接口需注册在新疆气象信息接口管理平台。系统建成后需提供不少于130个数据、算法、服务接口。

(2)针对区、地、县三级气象台站不同需求,实现气象防灾减灾所需相关信息的快速收集、显示、统计与分析,提供基于地理信息的数据查询、显示和导出。

(3)针对区、地、县三级气象台站不同需求产品制作需要,满足区地智能网格预报制作、提供丰富美观的图表素材、对策建议、产品模板以及方便快捷的服务材料制作环境,可设置时间轴、阈值等作为产品制作触发条件自动生成产品,实现智能化决策产品制作。

(4)预警发布接口上同突发事件预警信息发布系统无缝联通,实现预警信息通过手机短信、大喇叭、显示屏、网站、微信、传真等渠道一键式发布;能够为电话叫应服务提供辅助支持。

(5)满足区、地、县三级气象台站决策服务信息共享,方便上级部门及时了解各地服务动态,强化区级决策服务机构的对下指导,实现互联互动。

(6)具备较为完善的超阈值自动预警功能。上游或邻近地区出现重大灾害性天气时的自动报警;本辖区超过隐患点致灾临界阈值的自动报警;本辖区信息员上报灾情的自动报警。

(7)具有完善的系统自动留痕、预警设施及服务信息监控功能。系统能够在气象防灾减灾决策服务、预警服务、灾害应急救援气象保障服务等方面实现流程监控和关键过程、节点留痕;能够对接气象预警发布设施、设备,能够实时接收设备的运行状态、网络通信情况数据,实现对气象预警发布设施以及整个发布链路进行状态跟踪、实时监控,设备发生故障自动标注、主动提醒;能够实现基层防灾减灾基础数据、防灾减灾作战图、规章制度、基层防灾减灾队伍等信息在平台的实时动态监控。

1.3　基本原则

(1)惠民生

牢固树立以人为本理念,把保障人民群众生命财产安全放在首位。

(2)提能力

强化气象防灾减灾能力建设,提升防灾减灾气象服务科学内涵,提高气象灾害防御整体水平。

(3)降风险

以法律法规为依据,强化防灾减灾气象服务,降低基层气象灾害风险。

第 2 章　气象防灾减灾服务平台简介

2.1　架构原则

平台开发与部署是一项结构复杂、技术难度较大、功能强、涉及面广的信息化建设工程，为确保工程达到预期的目的，工程建设应遵循实用性、可靠性、经济性和先进性的基本原则，具体体现在以下几方面。

(1)坚持统一性原则

系统建设应遵循"统一规划、统一标准、实用先进、突出重点"的原则。以应用为驱动，在充分利用现有设施和资源的条件下，力求高起点，既满足近期需求，又适应长远发展的需要。

(2)坚持标准化与开放性原则

充分考虑现代信息技术的飞速发展，适应未来功能升级的要求，使系统具有开放性、兼容性、扩展性，系统建设应优先选择符合开放性和国际标准化的产品和技术，在应用开发中，数据规范、指标代码体系、接口标准都应该遵循《新疆气象部门软件开发规定》规范要求。

(3)坚持确保安全原则

系统设计及建设根据要求达到相应安全级别，确保系统运行有高度的可靠性和安全性。

(4)坚持服务至上的原则

坚持跟踪、反馈、更新、完善的原则，使系统不断贴近业务需求。

(5)坚持实用性原则

以气象防灾减灾服务需求为目标，进行建设、培训和运行，使系统真正发挥作用。

2.2　架构介绍

基层气象防灾减灾数据集成应用系统，主要依据互联网(Internet)的建设原则，在先进、实用的基本网络平台基础上，使用 Docker 技术面向服务的体系结构。面向服务的体系结构是一个组件模型，它将应用程序的不同功能单元(称为服务)通过这些服务之间定义良好的接口和契约联系起来。接口是采用中立的方式进行定义的，它应该独立于实现服务的硬件平台、操作系统和编程语言。这使得构建在各种各样的系统中的服务可以使用一种统一和通用的方式进行交互。

2.3　架构特点

Docker 的目标在于让互联网技术(IT，Internet Technology)系统变得更有弹性，以便更灵活、更快地响应不断改变的业务需求，解决软件领域一直以来存在的"如何重用软件功能"问题。采用 Docker 技术来构建信息平台，无疑是未来的发展方向。

Docker 的 5 大基本特征为软件功能重用提供了解决的办法。

(1)独立性

服务之间通过简单、精确定义的接口进行通信,不涉及底层编程接口和通信模型。

(2)粗粒度性

粗粒度服务提供一项特定的业务功能,采用粗粒度服务接口的优点在于使用者和服务层之间不必再进行多次的往复,一次往复就足够了。

(3)松耦合性

松耦合性要求 Docker 容器中的不同服务之间应该保持一种松耦合的关系,也就是应该保持一种相对独立无依赖的关系。这样的好处有两点,首先是具有灵活性,其次当组成整个应用程序的服务内部结构和实现逐步地发生变化时,系统可以继续地独立存在。而紧耦合意味着应用程序的不同组件之间的接口与其功能和结构是紧密相连的,因而当需要对部分或整个应用程序进行某种形式的更改时这种结构就显得非常脆弱。

(4)位置透明性

位置透明性要求 Docker 容器中的所有服务对于其调用者来说都是位置透明的,也就是说,每个服务的调用者只需要知道想要调用的是哪一个服务,但并不需要知道所调用服务的物理位置在哪。

(5)协议无关性

协议无关性要求每一个服务都可以通过不同的协议来调用。

2.4　平台结构

客户端采用浏览器模式(PC/Android 手机/iOS 手机)使基层气象防灾减灾数据集成应用系统的易用性更强,客户端不需要安装专用的客户端软件,使整个系统的管理维护工作大量减少。特别是作为整个单位的信息化,系统的用户数量多,涉及的部门多,而且可能还有远程的用户,如果需要维护客户端的软件系统,将会导致许多客户端系统需要大量安装、调试工作,影响整个系统的稳定运行。用浏览器作为统一的信息访问工具,避免访问各种业务系统数据是需要启动、进入不同编程工具设计的应用系统,更有利于管理人员使用计算机获取各个方面的业务数据。系统的结构示意图见图 2.1。

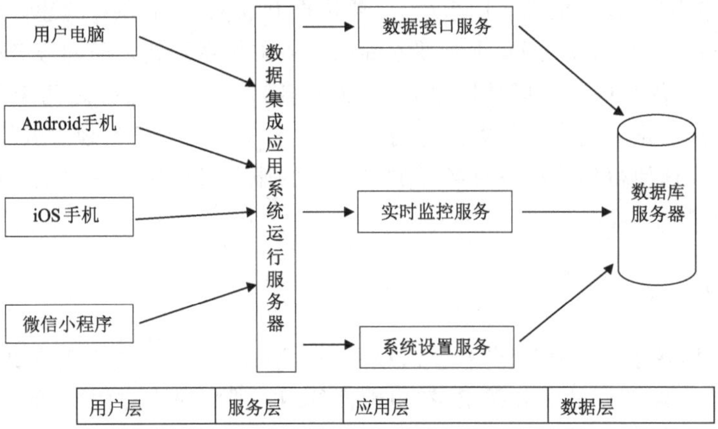

图 2.1　平台结构示意图

2.5　设计原则

2.5.1　标准化、规范化原则

标准化、规范化是系统建设的基础，也是进行信息交换的基本前提。在本系统建设中，应该强调统一规范、统一接口，通过数据接口实现数据层、应用层的分离，平台涉及数据要满足全国综合气象信息共享平台(CIMISS)标准规范、符合《CIMISS 技术规范——气象应用元数据》《CIMISS 技术规范——气象数据库及存储命名》、全国气象防灾减灾数据格式标准、全国气象防灾减灾数据接口规范等。平台建设涉及的各类数据、产品存取须接入新疆气象大数据平台，必须使用数据、算法和应用端彻底分离的松耦合架构，图片产品需满足中国气象局统一色标标准，涉及的天气等级采用新疆地方标准。通过强有力的组织、协调，充分调动各个部门，各级机构参与，从而规范系统建设的基本功能、业务流程、数据模型和数据编码等信息标准，逐步满足系统建设的需要。

系统在设计上要充分考虑用户界面应方便、友好、灵活，用户应能够在权限范围内于各子系统之间灵活切换。系统有良好的整体化设计，同时完善的帮助系统也是增强可操作性的必要辅助工具之一。为了提高软件的可维护性，在软件生命周期的各个阶段都必须考虑维护问题。通过书写详细正确的文档、书写源文件的内部注解、使用良好的编程语言、具有良好的程序设计风格，也有利于提供软件的可维护性。

2.5.2　技术先进性原则

充分考虑国内外气象业务技术发展趋势，面向国家需求，引进和吸收世界上先进和成熟的技术，利用系统设计方法，对系统的总体结构、数据流程、功能结构、数据库等方面进行设计，保证系统建设的合理性和软件功能上的先进性，使系统具有较长的生命周期。

2.5.3　安全可靠原则

采用成熟的技术，选用性能可靠、稳定的产品，充分考虑系统建设与运行的环境，确保各种设施和软件运行的安全性与可靠性。系统要有软件应急备份措施，保障系统能不间断地实时运转。在系统意外故障或系统崩溃时能及时恢复运行；系统要有较强的容错能力；要有对系统软件资源和运行情况的监控管理措施，实现对数据和数据库用户的安全控制和管理，即实现根据各类数据不同的特性和安全需求，按照既定的策略，对不同的用户提供相应级别的访问权限。具备抵御网络病毒、黑客袭击的措施与隔离攻击、快速恢复机制，具备多种、分级别的数据安全保护措施并形成有效运行机制。

2.5.4　效益优先原则

在一定的技术经济条件下，充分利用各类资源和资金，采用符合气象预测预报业务特点和需要的建设方案，确保建成后满足系统功能要求，达到建设目标和技术指标，使系统能在业务服务中充分发挥作用，获得最佳的经济效益和社会效益。

2.5.5　可扩充性原则

既考虑当前的业务服务需求，合理配置，使系统的各个组成部分都能发挥最佳性能，使系统建成后能尽快投入业务使用，尽快发挥效益，又要有前瞻性，考虑到经济、社会的发展和科学技术水平的提高，用可持续发展的观念进行系统设计，便于不断扩充系统的功能。

2.5.6　准确性原则

系统设计应用数据及生成数据要确保准确无误，计算分析结果要符合国家或地方行业标准，查询数据避免出现与同级或上级平台所查结果不符合的情况，在地图使用时确保符合国家标准（尤其是国界、争议边界等问题），色标、标志等与行业保持一致。

2.5.7　实用性原则

该平台设计目标用户重在基层，在各功能模块开发时，要充分考虑基层气象台站的工作任务和使用习惯，自治区级更侧重对下的指导与各级服务的监控，地县一级侧重平台实际操作功能，不同级别用户具有自己独立的显示界面，可有选择的设定或隐藏相应的功能模块。

2.5.8　集约化原则

为集约资源，避免浪费，优先选择在新疆气象局已有的模块基础上开发完善，对于已有的功能模块，直接选择接口调用的方式实现功能。

2.6　体系结构

采用“搭建平台—制定规范—业务开发—应用集成”的面向服务架构（SOA）平台建设模式，以数据和业务流程整合应用为核心，充分考虑先进性、前瞻性、整体性、规范性、可靠性、安全性、开放性等原则。

从逻辑结构上看，在运行维护体系和安全保障体系的支撑下，自底向上可分为：支撑、大数据资源、应用支撑、业务应用和用户五个层次（图 2.2）。

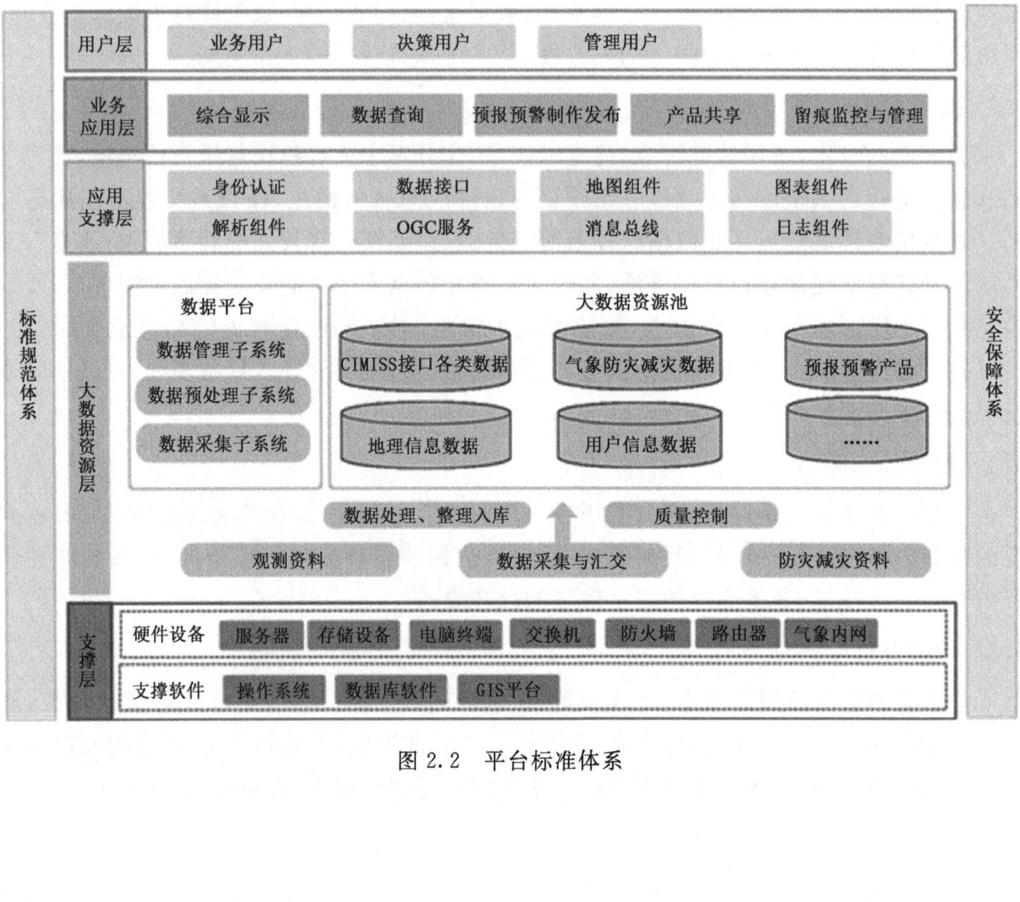

图 2.2　平台标准体系

(1)支撑层

支撑层主要是构建平台的网络环境与运行环境，是支撑平台运行的基础。通过安全系统、网络系统、主机系统、存储系统等硬件设备的支撑，为平台提供安全保障、网络联通、服务运行、数据存储等方面的支持。

(2)数据资源层

数据资源层是系统的核心部件，主要是对气象观测资料、气象预报产品、行业数据和决策服务产品等数据进行采集、分析、存储、管理、对外数据通信接口等，并汇集加工平台生成的产品资源。通过气象数据环境建设，实现不同来源结构化与非结构化的气象数据有机集成、科学管理和有序共享。

(3)应用支撑层

应用支撑层为各系统提供公共基础模块组件的支撑，包括数据接口、分发引擎、日志组件、身份认证、图表组件、WebOffice 组件等。

(4)业务应用层

新疆气象防灾减灾平台建设主要包括首页、数据查询、产品制作发布、预报服务产品和系统管理等模块。

(5)用户层

用户是系统的服务目标，通过新疆气象决策服务平台对管理员、业务人员、决策人员提供各类信息服务和管理。

(6)标准规范体系

标准规范体系是保障整个系统建设实施成功的软性因素，包括技术、管理等各方面的标准和规范。在整个项目实施过程中严格遵循国际、国家及行业相关标准规范。

(7)安全防护体系

安全防护体系涉及系统各个层面的安全技术和措施，为整个系统提供鉴别、访问控制、抗抵赖和数据的机密性、完整性、可用性、可控性等安全服务，形成集防护、检测、响应、恢复于一体的安全支撑防护体系。

2.7　平台技术要求

2.7.1　能与现有软件系统无缝对接

现有运行的数据系统包括基于 LINUX 的 CMACAST 卫星接收系统，基于 WINDOWS SERVER 的 CIMISS 全国综合气象信息共享系统，业务系统包括 MICAPS 3/MICAPS 4、格点站点一体化编辑平台、国家突发事件预警信息发布平台、决策服务信息共享平台、灾情直报系统。新疆区地县气象一体化平台采用跨平台程序设计，可以在多种硬件平台、操作系统上运行，无缝对接 LINUX 和 WINDOWS SERVER 的系统和这些系统所提供的数据接口。

2.7.2　与 CIMISS 系统对接

本平台将 CIMISS 做为主要数据源，数据使用 CIMISS 服务接口平台(MUSIC)，建立本地临时工作库，系统运行不依赖于临时工作库。其中 CIMISS 系统是指“全国综合气象信息共享平台”，其集数据收集与分发、质量控制与产品生成、存储管理、共享服务、业务监控于一体的气象信息共享业务系统。该系统以“统一数据来源、统一数据标准、统一数据流程、统一数据服务"的原则，建立了气象数据的标准化框架，规范了各类数据命名、格式和算法，定义了气象数据存储结构和数据服务接口，实现了国省数据同步和实时历史数据一体化。接口有数据接口、算法接口和产品接口三类，除了对效率要求极高的特殊业务(模式运算、格点数据检验等)外，所有的数据应用使用同一接口平台。

2.7.3 数据业务流程监控

该平台按照接口规范纳入"天镜"系统统一监控。

2.7.4 平台安全设计要求

该平台交付的软件系统符合《软件安全设计规范》。

2.7.5 技术性能设计

(1)响应时间：当数据录入操作时应无等待时间。

(2)日常操作用的显示响应时间(从执行至完全显示画面、含相关数据读取)不大于 2 s。

(3)复杂图表的显示响应时间不大于 5 s。

(4)日常查询、统计和分析的响应时间不大于 5 s。

(5)CPU 和 LAN 负荷率

①CPU 平均负荷率

系统稳定状态：服务器＜35％；

系统繁忙状态：服务器＜80％。

②内存

系统稳定状态：服务器＜50％；

系统繁忙状态：服务器＜70％。

在每 5 分钟测试期间，系统 LAN 负荷不大于 30％。

(6)并发处理

平均并发处理用户≥800 人；

系统峰值响应速度，并发处理用户≥1000 人。

(7)系统的可用性

系统关键节点采用冗余配置，任何时刻都能保证主备机的互相切换，切换时无扰动，热备用计算机切换时间(从故障发生到所有功能完全恢复)＜60 s。

系统年可利用率 99.9％。

(8)系统可靠性

系统使用寿命≥10 a，系统支持双击备份以及负载均衡。

2.7.6 运行监控机制

针对整个系统的运行进行监控，保障系统的稳定运行，同时对数据处理、产品发送进行监控。包括模块监控、数据处理监控、产品发送监控。监控方式与内容符合"天镜"系统要求，监控信息接入"天镜"系统。

通过运行监控子系统，实现平台主要业务环节的监视与管控，形成集约化的实时业务监视与管控平台。运行监控系统的设计目标为：一是实现统一的业务系统实时监视。确保用户能够掌握一体化平台的实时运行状态。二是提供业务性能统计分析。帮助用户进行涉及业务的关键性能指标的统计与分析，发现业务系统在运行过程中的问题与不足，为分析问题和解决问题提供科学的支持手段，从而有利于整体业务的持续改进与优化。三是实现业务管控。提供业务系统级的流程配置与管控，综合信息配置管理以及系统内部用户的管理与控制功能。

监控系统针对值班员、系统维护、业务管理各用户职责范围设置不同的用户角色，便于各维护部门的合理化管理。

2.8　统一监控管理

对服务器、网络、业务系统的统一监控展示，通过直观的图形化界面，整合气象各业务系统运行状态，同时监控系统有开放性的接口，支持现有其他业务系统和相关服务器、网络的接入，多方位、全面监控展示。

2.9　GIS 技术优势

地理信息系统(GIS)与气象服务系统的集成基于先进的多层架构模型和 SOA (Service-Oriented Architecture)架构模型。多层架构可以搭建松散耦合、易于复用、可扩展性强的应用，除了方便软件开发的组织和实施外，也便于日后系统的维护和扩展。而 SOA 架构模型则可以更好地满足系统的组件化、互操作、模块化、可伸缩等特性，实现当前或今后应急信息化建设中更多的资产重用，快速响应业务需求变化，SOA 架构具有的规范统一性和高度的开放性，可以保证应急领域信息化建设的兼容性。

GIS 技术具有管理和分析多源空间数据的能力。而风险隐患辨识、分析和评估涉及各种风险源、防护目标以及相关应急资源、救援力量，各类自然、社会、经济等因素的综合处理分析，GIS 强大的空间分析功能，如叠加分析、缓冲区分析等能为其提供支持。通过 GIS 的缓冲区分析功能，可以识别出明显或潜在的重大危险源和重点防护目标等信息，再结合人口密度、街道、管线、电力线等其他地图数据，使用叠加统计、空间关联分析等基础的空间分析功能，开展风险分析和评估。二维可视化技术，如空间数据符号化展示，统计图表、空间对象模型等是 GIS 提供的丰富的展示功能。在风险表达中，可以综合使用 GIS 的可视化技术和图表功能，将风险隐患辨识、分析和评估的结果制作为二维专题图的形式，不仅具有丰富的效果，更便于信息的传递、理解和应用。

通过 GIS 可以进行地理位置定位、按比例尺查询显示监测地区周边环境信息，进行地图标绘，制作服务信息专题图。

通过 GIS 的空间查询、空间数据编辑、区域统计等功能，可以对监控点、各类资源进行查询检索和维护管理，保证监测监控的有效性和现势性，全面掌控资源状态，及时更新资源信息。

(1)数据层

该层为 GIS 基础构件层提供数据支持，主要包括：空间数据库，网络地图服务(WMS，Web Map Service)、网络要素服务(WFS，Web Feature Service)和各类型空间数据文件。

(2)基础构件层

该层分为两部分，一部分是以 GIS 服务形式(Web Service)提供的基础构件，这些基础构件用于 B/S 应用开发，支持分布式和集中式部署，可在大型组织内以及 Internet 用户间发布和共享地理信息：除了为客户端提供地图和数据服务，GIS 服务器还可在共享的中心服务器上支持 GIS 工作站的所有功能。另一部分是以 GIS 组件形式(如 COM、CORBA)提供的基础构件，主要是满足面向组件的应用开发需要，适合于C/S模式的应用开发。

(3)业务应用层

包括B/S和C/S两种模式的应用，B/S模式通过调用GIS提供的服务，实现运行于局域或广域网环境下的应用，而C/S模式则直接通过调用组件来构建基于功能需求更复杂、性能要求更高的应用，如二维标绘等。

2.10　模块化设计

系统采用Docker技术，将底层的复杂数据交换与业务进行分离，既保证了复杂协议处理的稳定性、高性能，又确保了业务逻辑实现的快速性，灵活性。又保证了数据的可靠性、安全性。系统的模块化分层设计，对系统有灵活的扩展性，对外接口基于开放式标准设计，便于二次开发和后期的扩展，如新增加渠道发布，不需对系统做大的调整，只需增加新的渠道建设，根据接口标准，方便地融合到系统中。

2.11　良好的安全机制

平台安全性：系统采用软件(硬件)防火墙，最大范围内抵御病毒入侵，支持IP访问过滤与屏蔽，阻止恶意访问；用户登录支持数字证书验证、用户名密码双层验证，每个登录用户均有数字证书，通过数字证书验证后再使用用户名与密码登录，提升平台的安全级别；预警信息的传输与存储实行加密传输，接收消息端解密，验证消息的来源、合法性，以防止错误消息的发送，确保消息内容的真实有效。

平台实时监控：对平台运行状态监控：包括管理进程、发布进程是否正在运行，预警应急信息发布平台运行状态是否正常。平台各个模块工作运行状况是否正常。

2.12　良好的网络设计

强化平台的网络适应性，具有专线、互联网和VPN等多种连接方式并存的方式，实现多种网络连接线路的自动切换，并能对线路故障进行报警，不会因为某条线路的故障导致平台中断。

2.13　高可靠性设计

平台所有关键服务器均采用了高可用性集群服务器，当集群中的一个平台发生故障时，集群软件迅速做出反应，将该平台的任务分配到集群中其他正在工作的平台上执行。考虑到计算机硬件和软件的易错性，高可用性集群的主要目的是为了使集群的整体服务尽可能可用。如果高可用性集群中的主节点发生了故障，那么这段时间内将由次节点代替它。次节点通常是主节点的镜像。当它代替主节点时，它可以完全接管其身份，因此，平台环境对于用户是一致的。

平台提供完善的安全可靠性策略，支持多种安全可靠性技术手段，制定严格的安全可靠性管理措施。方便扩展设备容量和提升设备性能，具备支持业务处理参数化配置及业务功能重组与更新的灵活性，新的应用业务可灵活加载，且不影响原有业务流程。

2.14　安全目标

通过整体安全体系规划，综合运用各种安全技术和手段。要求达到的安全目标为静态安全目标和动态安全目标。

静态安全目标包括整个系统的物理环境、系统软硬件结构和可用的信息资源，保证系统实体平台安全。

动态安全目标提升系统的安全软环境，包括安全管理、安全服务、安全意识和人员的安全专业素质。

2.15　安全体系

安全体系总体框架主要有应用安全、数据安全、网络安全、物理安全，见图 2.3。

图 2.3　安全体系总体框架

具体的应用安全体系架构分成了安全层次、安全技术、安全目标三个部分，应用安全体系架构见图 2.4。

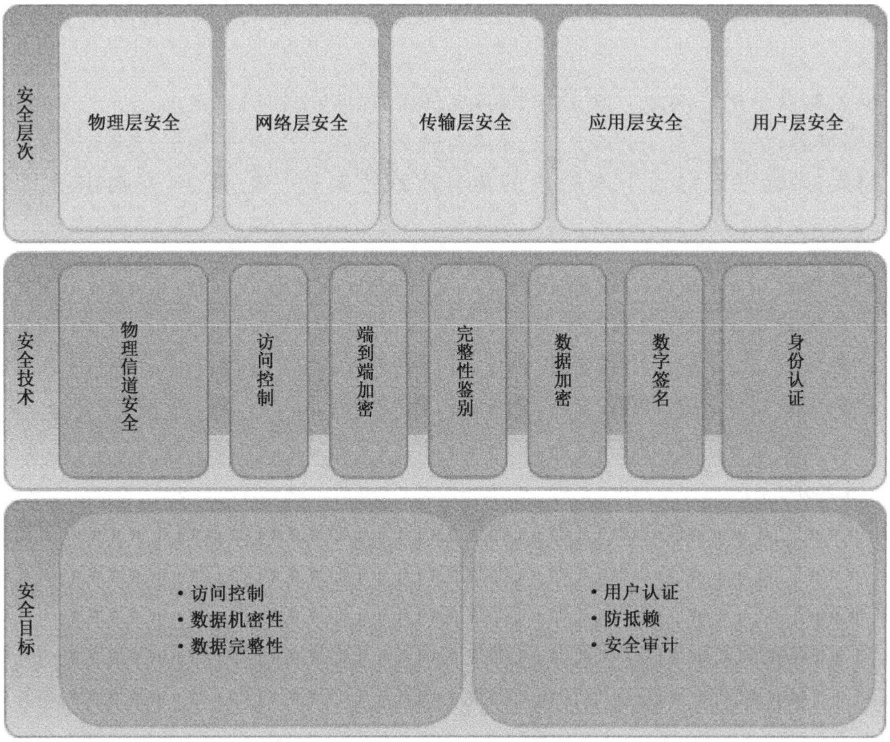

图 2.4　应用安全体系架构

作为全方位的、整体的网络安全防范架构是分层次的，不同层次反映了不同的安全问题。可以将企业安全防范架构的层次划分为物理层安全、系统层安全、网络层安全、应用层安全和安全管理。由于层次的不同，也需要采用不同的安全技术来针对每层的安全问题进行应对和防护，因而也就产生了图 2.4 中所列的种类繁多的安全技术。根据上面两个体系结构提出如下安全架构思路。

2.15.1 应用安全

应用安全的设计原则是：有限授权、全面确认、功能分级控制和安全跟踪。

(1)组织结构与角色管理

建立统一的基于 LDAP 的集中式用户资料系统，这样可以实现整个系统用户的单点登陆(SSO)，也就是说：整个系统只有一个可以登录进入的点，它对所有的请求都是通用的。单点登陆可以保证用户能够访问到可以访问的资源，如果有一个未被授权的请求要求访问被保护的资源，这个请求将自动被导向到相应的验证点进行登录验证。

角色相当于一系列功能的集合或者岗位职务的概念，符合日常管理的思维方式。系统权限按照角色进行分级划分，保证适当的用户访问到适当的资源和操作。

(2)统一用户管理

统一用户管理系统的目标主要包括：

统一气象服务业务系统的授权和安全模型，提供统一的、完善的、易用的管理平台。

为现存的和即将开发的各应用系统提供一个跨平台的授权信息管理接口，解决目前权限管理混乱、用户使用不便、安全性差等问题。

完善用户管理、授权等功能，同时通过有效的身份认证提高信息平台的安全性，抵御潜在的安全风险。

在和多个业务系统之间进行信息交换的过程中提供安全控制。

(3)系统日志

根据需要，系统可以记录下来用户的每一次或重要操作的日志，并提供对日志的分析功能。

2.15.2 网络安全

网络安全威胁是由于网络的开放性、无边界性、自由性造成的，安全解决关键是把被保护的网络从自由开放、无边界的环境中独立出来，使网络成为可控制、可管理的内部系统。由于网络系统是应用系统的基础，网络安全也就成为首要问题。

解决网络安全主要有以下方式。

(1)网络冗余

解决网络系统单点故障的重要措施，对关键性的网络线路、设备通常采用双备份或多备份的方式。

(2)系统隔离

分为物理隔离和逻辑隔离，主要从网络安全等级考虑划分合理的网络安全边界，使不同安全级别的网络或信息媒介不能相互访问，从而达到安全目的。针对应用系统特点采取相应的隔离措施。

(3)访问控制

对于网络不同信任域之间实现双向控制或有限访问的原则,使受控的子网或主机访问权限和信息流向能得到有效控制。

(4)加密

为了防止网络上的窃听、泄漏、篡改和破坏,保证数据传输安全,对网上数据使用加密手段是最为有效的方式。

(5)安全监测

采取信息侦听的方式寻找未授权的网络访问尝试和违规行为,包括网络系统的扫描、预警、阻断、记录、跟踪等,从而及时发现系统遭受的攻击伤害。

(6)网络扫描

针对网络设备的安全漏洞进行检测和分析,包括网络通信服务、路由器、防火墙、WEB 服务器等,从而识别能被入侵者利用非法进入的网络漏洞。

2.15.3　数据安全

在网络化的信息系统中,数据可以分布在不同机器上,也可以集中到文件服务器或数据服务器中。关系数据库管理系统的特点是使得数据具有独立性,并且提供对完整性支持的并发控制、访问权限控制、数据的安全恢复等。

(1)并发控制

数据库的完整性可以归纳为语义的完整性、运行的完整性。运行的完整性即并发性事务处理的控制(并发控制)。

数据的集中导致并行事务处理的出现,相同的数据有可能被两个或两个以上的事务同时存取。为防止并发存取对数据完整性的危害,应采取措施保证无误无冲突地工作。基于隔离控制原理,这些措施使得每个用户在进行事务处理时,都觉得整个数据库为其独占。具体地说:当某个数据项被某项事务修改时,它只能被其他事务读取,而不能修改,以免发生冲突。

(2)存取控制

存取控制实为授权机制,它规定某个范围内的数据,在何种条件下,准许何种操作。

数据库中的数据有对事件敏感、状态敏感和模式敏感三种,事件敏感的数据只对一组专门用户在指定的时间内开放。状态敏感的数据,存取取决于其值,即在数据库管理系统动态状况下起作用。对模式敏感的数据其存取取决于数据库模式设计时对其用法的规定。

对每种数据都要定义用户权限表,只有指定的用户才能进行相应的操作。用户权限是由数据库管理员来设定的。

(3)信息保密

对需要保护的数据首先进行加密,这个工作可以在数据管理软件的内部完成,即对客户端需要读取的数据在服务端先加密再发往客户端,也可在数据管理软件和通信软件之间加入一个加密软件来完成,即对数据管理软件与通信信道之间流通的信息进行加密。客户端则对授权用户采用相应的解密措施,在客户端软件中实施解密或在通信软件和客户端软件之间加入解密软件。

(4)数据安全恢复

数据恢复具有两层含义,一是多数数据库管理系统所提供的重新运行功能,该功能允许数据回到某一状态,而忽略某一时间之后的所有修改,这对于系统故障处理和数据安全具有重大意义；二是历史数据回溯，空间和属性数据的变更存在一个时间序列，系统根据需要可以将数据回溯到某个时刻，或者演示和分析数据的变化历史过程。

网络备份方案应能够备份系统的关键数据，在网络出现故障甚至损坏时，能够迅速地恢复网络系统。无论是采用手工方式，还是通过计算机程序对数据库中的数据进行修改，都有可能导致数据错误的发生。当发生数据错误时，系统应该能够恢复。这就要求数据库管理系统具有如下功能：

自动恢复：在数据出错时可把数据修复到修改前状态；

自动备份：数据库修改后，原有的数据应作备份；

历史数据：当数据库中的数据被修改后，原有的数据要保留入历史库中，以备数据回溯和查询使用。

第 3 章　平台功能简介

气象防灾减灾平台建设主要包括综合显示、数据查询、预报预警制作发布、产品共享、系统留痕及监控等模块(图 3.1)。

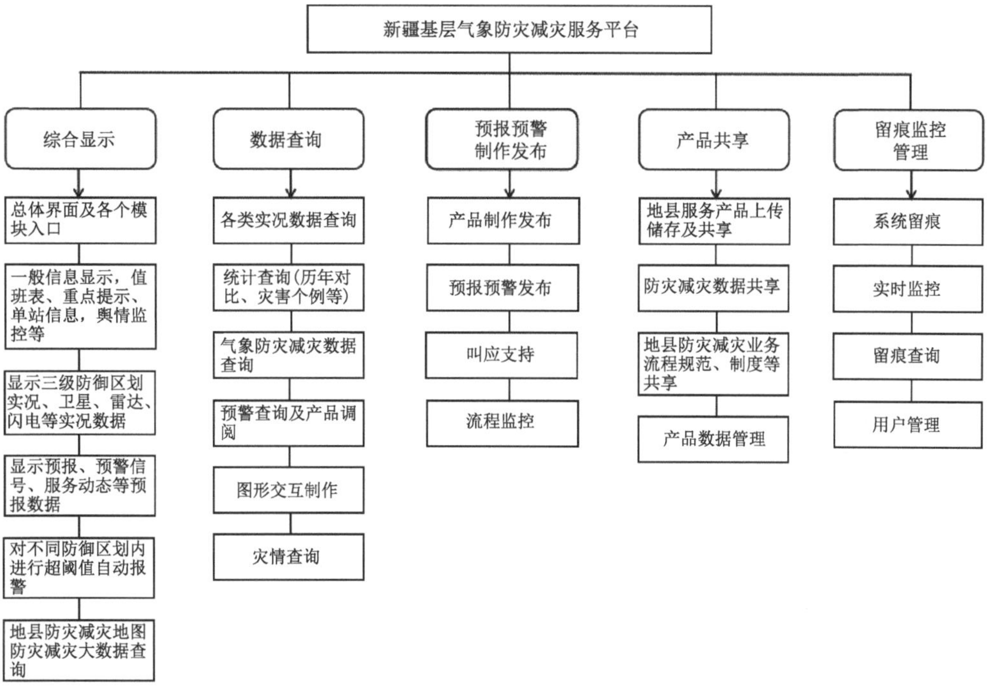

图 3.1　新疆基层气象防灾减灾服务平台

本平台使用数据、算法和应用(前端)彻底分离的松耦合架构。所有基础数据通过数据接口从标准统一的新疆气象数据环境获取，可建立应用数据库优化数据结构，保存业务产品。各类业务算法使用模块化开发和容器技术上传镜像至新疆气象信息中心容器集，实际部署后通过算法接口调用。数据接口、算法接口和产品接口注册在新疆气象信息接口管理平台。针对主要功能形成超过 130 个数据、算法、服务接口。

3.1　综合显示模块

综合显示模块是涵盖系统各模块功能的集约化显示区，通过该模块可以直观地获取值班表、危险天气提示、重点关注、自动提醒、超阈值自动报警、灾情舆情监测、区地县信息联动、地理信息、气象观测数据、气象预报数据、气象防灾减灾等相关信息，显示区域具备一定的位置定位、测距、截图功能及数据统计功能(图 3.2)。平台接入国家卫星中心下发的高分辨率卫星遥感影像图(能分辨地形地貌、河流水系、植被分布、村庄、道路、街区、建筑设施等)实现基于新疆气象防灾减灾需求的综合信息显示,以行政区边界为基础,依据灾害性天气对本辖区的影响距离的不同,进行三级防御区划,其中责任区为本行政区域,警戒区为距责任区 50 km 范围内的区域,监视区为距责任区 100 km 的区域;显示叠加中小河流、水库、地灾隐患点、旅游景区、工矿企业等防灾减灾基础数据显示、分析、处理;叠加气象自动站实况、雷达回波、卫星云图、闪电、危险天气等观测数据的实时动态显示和超阈值提醒;实现天气概况、天气趋势和预报数据的查看。

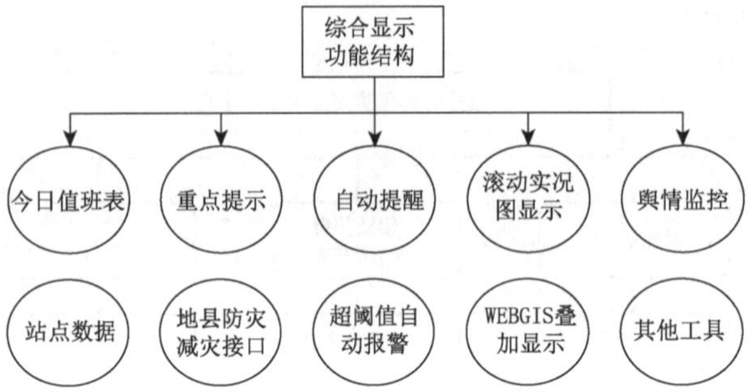

图 3.2　综合显示功能结构

3.1.1　今日值班表

显示值班人员信息(带班领导、决策首席、预报首席、决策主班、灾害天气主班),支持值班表的编辑和导入。

3.1.2　重点提示

可编辑的决策服务重点关注内容、近期重要服务事项提醒信息。可根据日期查询历史重点关注内容及编辑发布人员。

(1)对于某实况统计值达到极端值及历史排位或者出现重要突发天气时,进行自动提醒(提醒内容及标准:实时捕捉热点信息,每条滚动方式显示,标明时间、地点、热点事件,最新信息红色凸显)。

(2)极端值及建站以来历史排位提醒:某个实况统计值达到历史同期(月、季、年)或历史排序的前 10 位进行提醒。统计时段按照:日、候、旬、月、季、年分类,统计要素包括日降水量、日平均气温、连续降雨日数、日最高气温、高温持续时间、日最低气温、低温持续时间、极大风、能见度等。

(3)重大突发天气提醒:某区域出现重大突发天气,如短时强降水(国家站 1 h 降水量大于 10 mm,3 h 降水量大于 20 mm,区域站 1 h 降水量大于 20 mm,3 h 降水量大于 50 mm)、短时大风(非风口站瞬间极大风力大于 8 级)、最大回波强度大于 50 dBZ 的强回波)等,进行自动提醒。

(4)热点内容提醒:后台实时捕捉热点信息,每条滚动方式显示,标明时间、地点、热点事件,最新信息突出显示。热点内容提醒之后,可选择其中信息进行发布,操作界面见图 3.3、图 3.4。

==请选择要素==　请输入要查询关键字　查询　新增　编辑　删除　启用　停用　详情

	任务名称	要素	最小值(包含)	最大值(不包含)	报警区域	开始时间	所属单位	启用	提示语
15	3小时降水红色预警	过去3小时降水量	48.1	200	克拉玛依市	2019-06-11	克拉玛依市气象局		请注意防范。
16	3小时降水红色预警	过去3小时降水量	48.1	200	阿勒泰地区	2019-06-11	阿勒泰地区气象局		请注意防范。
17	3小时降水橙色预警	过去3小时降水量	24.1	48.1	阿勒泰地区	2019-06-11	阿勒泰地区气象局		请注意防范。
18	3小时降水红色预警	过去3小时降水量	48.1	200	伊犁哈萨克自...	2019-06-11	伊犁哈萨克自治州气象局		请注意防范。
19	3小时降水橙色预警	过去3小时降水量	24.1	48.1	伊犁哈萨克自...	2019-06-11	伊犁哈萨克自治州气象局		请注意防范。
20	最小能见度	最小能见度	0	600	阿勒泰地区	2019-06-11	阿勒泰地区气象局		一键式平台报警
21	极大风速	极大风速	24	100	阿勒泰地区	2019-06-11	阿勒泰地区气象局		一键式平台报警
22	3小时降水红色预警	过去3小时降水量	48.1	200	乌鲁木齐市	2019-06-11	乌鲁木齐市气象局		请注意防范。
23	3小时降水橙色预警	过去3小时降水量	24.1	48.1	乌鲁木齐市	2019-06-11	乌鲁木齐市气象局		请注意防范。
24	过去1小时降水量	过去1小时降水量	9.5	100	阿勒泰地区	2019-06-11	阿勒泰地区气象局		一键式平台报警
25	大风	极大风速	17	40	巴音郭楞蒙古...	2019-06-10	巴音郭楞蒙古自治州气象局		
26	小时降水报警(国家站)	过去1小时降水量	10	50		2019-06-10	乌鲁木齐市气象局		
27	小时降水报警	过去1小时降水量	20	50		2019-06-10	乌鲁木齐市气象局		
28	极大风速报警	极大风速	14	50		2019-06-10	乌鲁木齐市气象局		
29	高温报警1	最高气温	35	55		2019-06-03	哈密市气象局		
30	大风报警1	极大风速	17	100		2019-06-03	哈密市气象局		
31	高温实况报警	最高气温	37	56		2019-05-25	哈密市气象局		
32	暴雨实况报警	过去24小时降水量	24	200		2019-05-25	哈密市气象局		
33	大风	极大风速	24	45		2019-05-01	吐鲁番市气象局		

显示第 1 - 50 条记录 | 检索到 50 条记录

图 3.3　热点内容提醒

图 3.4　信息发布

3.1.3 舆情监控

基于后端设置检验关键词，对制定灾情直报 3.0、主流新闻网站进行监测。通过文本分析能力对采集信息进行分类，实现对新疆地区灾害舆情信息在系统中的展示。同时，以列表形式显示近三天的新疆地区的灾害热点舆情信息。点击列表中的标题可跳转至网站新闻页面查看详细信息（监测灾害类型包括暴雨、暴雪、沙尘暴、大风、地震、堰塞湖、山洪、泥石流、森林大火、污染泄漏等）。

3.1.4 单站信息显示

支持站点实况信息、历史信息的显示，同时站点可选择。默认显示站点为用户所在地州首府站点。实况信息（实时气温、风向风速、湿度、累积降水、能见度）和历史上今天（极端最高温、极端最低温、平均日降水、最大日降水、最大风速、极大风速、最小能见度）数据；可切换全疆任意国家站点，并查看该站实况统计信息及历史对比信息；可切换查该站看过去一个月降水、平均温度实况数据和历史数据比较，以曲线图、柱状图方式显示，降水、温度叠加到一张图上（图 3.5、图 3.6）。

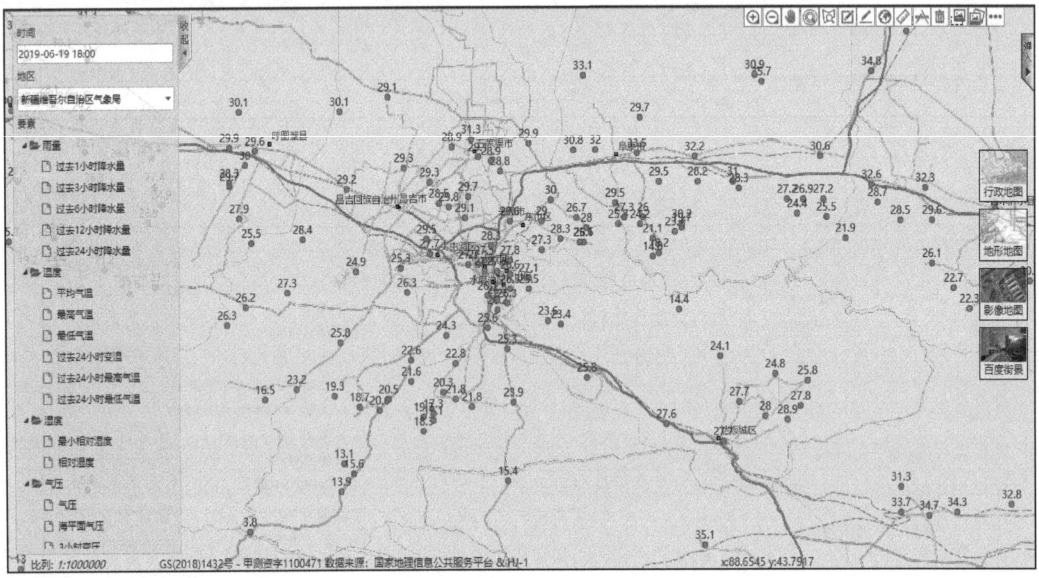

图 3.5　站点信息显示（一）

3.1.5 天气图滚动提示

默认显示登录用户区域内的 6 h、12 h、24 h 降水、极大风速、最高气温、最低气温的色斑图，支持每一张图显示的自定义选择（选择实况要素包括：过去 1 h、3 h、6 h、12 h、24 h 降水、极大风速、最低气温、最高气温、24 h 变温、能见度等），同时支持图片排版功能。

3.1.6 地理信息图层

基于 WEBGIS 平台默认显示我区高清卫星影像图和高分辨率地形图，遥感影像图要求能分辨地形地貌、河流水系、植被分布、村庄、道路、街区、建筑设施等，可实现地图的放大、缩小和漫游功能以及地图的切换（底图数据可切换空白图、行政信息图等）显示。各类数据通过勾选

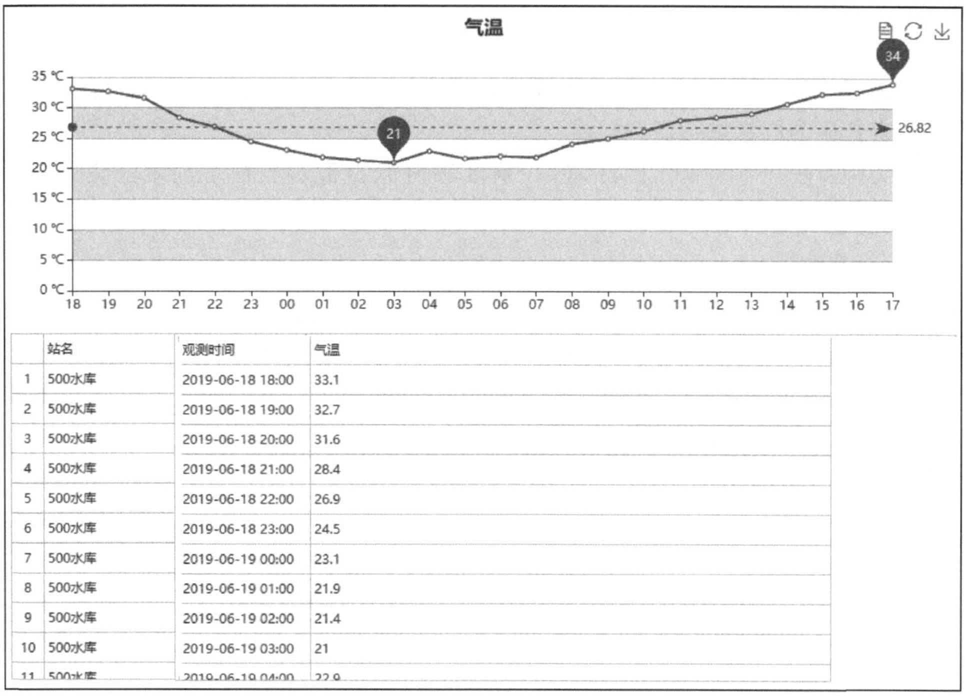

	站名	观测时间	气温
1	500水库	2019-06-18 18:00	33.1
2	500水库	2019-06-18 19:00	32.7
3	500水库	2019-06-18 20:00	31.6
4	500水库	2019-06-18 21:00	28.4
5	500水库	2019-06-18 22:00	26.9
6	500水库	2019-06-18 23:00	24.5
7	500水库	2019-06-19 00:00	23.1
8	500水库	2019-06-19 01:00	21.9
9	500水库	2019-06-19 02:00	21.4
10	500水库	2019-06-19 03:00	21
11	500水库	2019-06-19 04:00	22.9

图 3.6　站点信息显示(二)

在地图上进行数据图层叠加:基础数据(精确到乡镇的行政边界和行政名称)、气象数据(自动站、闪电资料、雷达资料、卫星资料等)、行业数据(中小河流、中小学校、旅游景区、工矿企业、避灾场所、医疗信息等)、防灾减灾重点区域(防灾减灾重点区域、重点单位、防灾减灾设施分布以及中小河流洪水、山洪、地质灾害隐患点等风险点)。可以通过鼠标选取的方式获取所选区域的统计后的防灾减灾相关信息(图 3.7)。

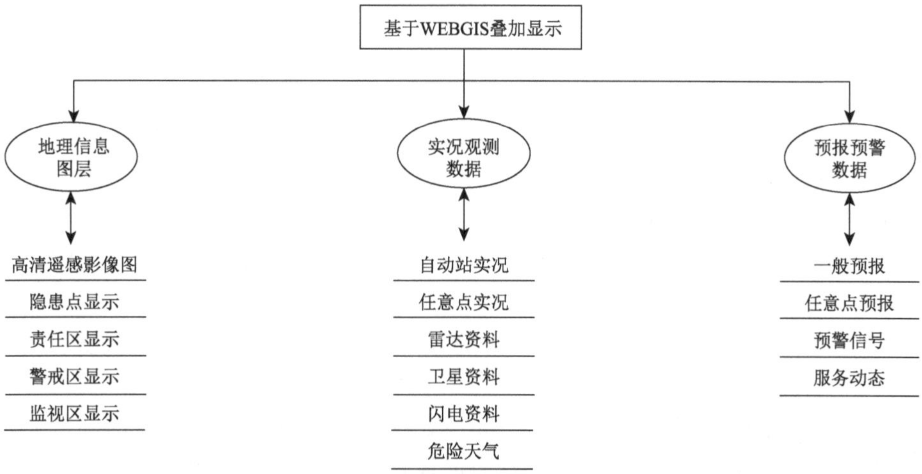

图 3.7　WEBGIS 叠加显示

依据灾害性天气对本辖区的影响距离的不同,进行三级防御区划,能实现实况值、雷达回波阈值报警。

责任区为本行政区域。

警戒区为距责任区 50 km 范围内的区域，在该区域内对出现的灾害天气进行密切监视并对可能影响责任区的因素进行研判。

监视区为距责任区 100 km 的区域，在该区域内需要密切监视可能影响责任区的灾害天气。

3.1.7　实况观测数据

自动站实况：可展示站点分布、站点名称和某一自定义时段内（时间精确到分钟）要素实况，通过鼠标滚轮缩放地图的同时可以控制站点密度，支持色斑图形式的区域显示，选定站点时，以弹窗的形式显示该站点的详细信息（名称、地区、海拔高度、站点类型及可观测要素数）和气象要素（降水、温度、风、湿度、能见度）演变图，时间范围可自定义；支持色斑图，所产生表格等产品的导出（图 3.8）。

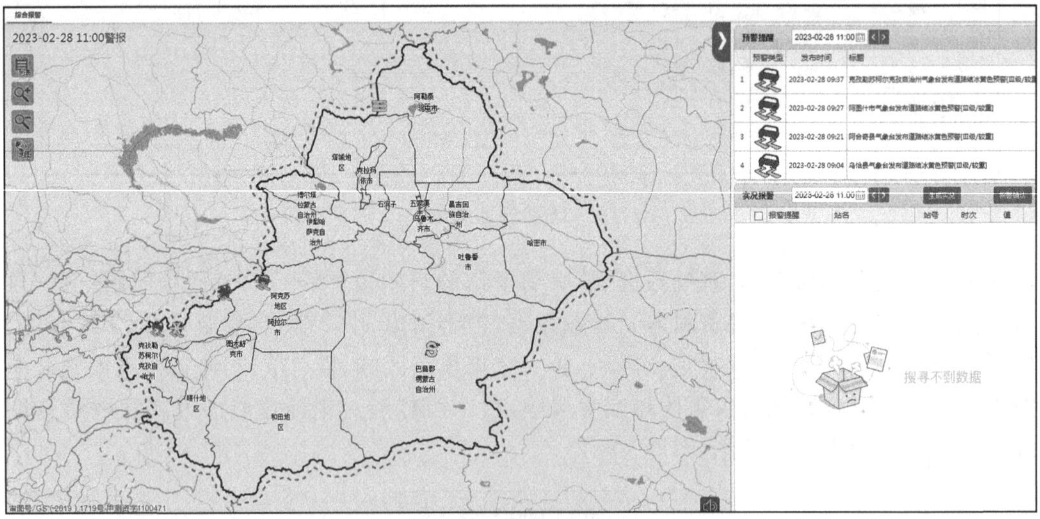

图 3.8　地理信息图层

选定某一站点或者在列表中点击站点时，以弹窗的形式显示该站点的详细信息（名称、地区、海拔高度、站点类型及可观测要素数）和气象要素演变图，时间范围可自定义；支持色斑图，所产生表格、折线图等产品的导出。

叠加数据要求涵盖新疆 CIMISS 中所有地面站点实况数据，显示数据类别、形式可根据业务需求切换。

气压：逐小时海平面气压、3 h 变压、24 h 变压、最高气压及出现时间、最低气压及出现时间、任意时段气压统计数据。

温度：逐分钟高、低温、逐小时高、低温、08—08 时日最高、低气温及出现时间、20—20 时日最高、低气温及出现时间、过去 24 h 变温、任意时段最高、低温度统计数据。

湿度：逐分钟相对湿度、逐小时相对湿度、08—08 时最小相对湿度及出现时间、20—20 时最小相对湿度及出现时间、任意时段相对湿度统计数据。

降水：逐分钟降水量、逐小时降水量、过去 1 h 降水量、过去 3 h 降水量、过去 6 h 降水量、过去 12 h 降水量、过去 24 h 降水量、任意时段降水量统计数据。

风：2 min 平均风速风向、10 min 平均风速风向、逐小时最大风速风向及出现时间、瞬时风速风向、逐小时极大风速风向及出现时间、过去 6 h 极大风速风向及出现时间、过去 12 h 极大风速风向及出现时间、过去 24 h 极大风速风向及出现时间、任意时段 2 min 平均风速风向统计数据、任意时段 10 min 平均风速风向统计数据、任意时段逐小时极大风速风向统计数据。

能见度：实时能见度、逐 1 h 最小水平能见度及出现时间、逐 3 h 最小水平能见度及出现时间、逐 6 h 最小水平能见度及出现时间、逐 12 h 最小水平能见度及出现时间、逐 24 h 最小水平能见度及出现时间。

积雪：当前最近时次积雪深度、新增积雪深度。

任意点实况（图 3.9）：在地图上选择任一点或者输入经纬度值，根据地图上任意点的经纬度信息与相近的多个气象站点进行关联，通过站点数据插值算法得出该点的实况数据并以弹窗的形式显示该点的气象要素实况数据；在地图上绘制任一区域，以弹窗的形势显示出所绘区域内的实况数据，支持所查询数据以色斑图、表格统计（要素值量级范围统计排序、升\降序、区域统计排序）的形式导出。

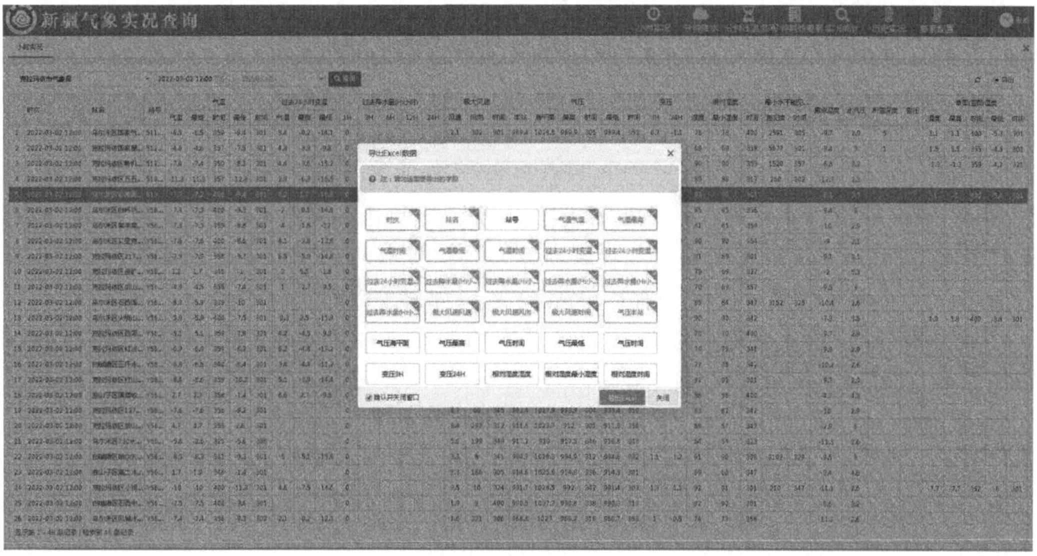

图 3.9　实况观测数据（一）

★雷达回波：叠加显示 12 部雷达最新的组合反射率因子图（图 3.10）、中气旋、冰雹指数、雷暴追踪信息、TITAN、QPE、QPF、VIL、回波外推等产品，支持时间翻页、动画自动播放、雷达剖面数据查看。

卫星云图：叠加显示 FY 系列卫星云图产品（红外、可见光、水汽）、MCS 识别和追踪、沙尘暴、大雾监测，支持产品切换、时间翻页、动画自动播放。

闪电定位：叠加显示近 1 h、3 h、6 h、12 h、24 h 内闪电发生的位置，并通过颜色标识闪电发生的时间。

危险天气：叠加显示近 24 h 内危险天气（短时强降水、短时雷电、短时大风）发生的位置，并通过图标标识危险天气的类型，点击图标显示具体的危险天气内容。

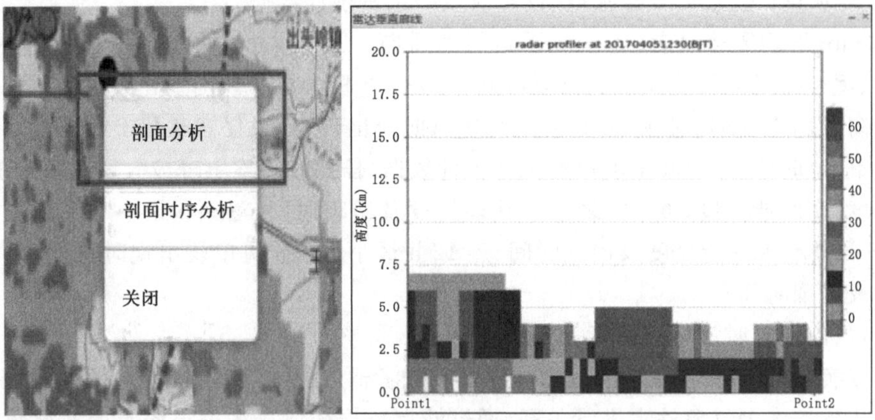

图 3.10　实况观测数据(二)

3.1.8　预报预警数据

利用智能网格预报数据，基于 WEBGIS 平台叠加显示站点、任意点的要素预报，同时支持各地区预报产品的调阅，通过格点、等值线、填色和流线形式展现。

智能网格预报数据包括：逐 1 h 降水预报(48 h 时效)、逐 3 h、6 h、9 h、12 h、24 h 降水预报(24 h 时效)、相对湿度预报(240 h 时效)、逐 1 h 云量预报(48 h 时效)、逐 1 h 2 m 气温预报(48 h 时效)、逐 3 h 2 m 气温预报(240 h 时效)、逐 24 h 最高、最低气温(240 h 时效)、逐 1 h 10 m 风预报(48 h 时效)、逐 3 h 10 m 风预报(240 h 时效)、逐 1 h 能见度预报(48 h 时效)、逐 3 h 能见度预报(240 h 时效)、逐 1 h 天气现象预报(48 h 时效)、逐 3 h 天气现象预报(240 h 时效)、逐 6 h 天气现象预报(240 h 时效)、逐 12 h 天气现象预报(240 h 时效)。

一般预报查询：地图上选择区域，弹出区域内的要素预报。同时支持预报产品以色斑图、表格形式导出(表 3.1)。

表 3.1　预报查询

地点	日期	天气现象		最低气温(℃)	最高气温(℃)	风力 (级)
		白天(08 时—次日 20 时)	夜间(次日 20 时—08 时)			
地点 1	24 日	晴	晴	2	11	4～5
地点 2	25 日	晴	晴	0	12	3～4
地点 3	26 日	晴	晴	3	15	3～4

天气现象：所选择时段内逐小时天气现象(晴、多云、雨量、雪量)预报。

预报时间：将预报时段按照逐 1 h、逐 3 h、逐 6 h、逐 12 h、逐 24 h 的时间进行分段。

降水：对应预报时间，自动匹配所选时段内逐 1 h 降水、逐 3 h 降水、逐 6 h 降水、逐 12 h 降水、逐 24 h 降水预报。

温度：对应预报时间，自动匹配所选时段内逐 1 h 最高/最低气温、逐 3 h 最高/最低气温、逐 6 h 最高/最低气温、逐 12 h 最高/最低气温、逐 24 h 最高/最低气温的预报。

风：对应预报时间，自动匹配所选时段内逐 1 h 极大风速风向、逐 3 h 极大风速风向、逐6 h

极大风速风向、逐 12 h 极大风速风向、逐 24 h 极大风速风向的预报。

湿度:对应预报时间,自动匹配所选时段内逐 1 h 相对湿度、逐 3 h 相对湿度、逐 6 h 相对湿度、逐 12 h 相对湿度、逐 24 h 相对湿度的预报。

能见度:对应预报时间,自动匹配所选时段内逐 1 h 能见度、逐 3 h 能见度、逐 6 h 能见度、逐 12 h 能见度、逐 24 h 能见度的预报。

云量:对应预报时间,自动匹配逐小时云量。

任意点预报查询:在地图上绘制任一区域、任一点或者输入经纬度值,弹出该点地理信息和气象要素选择窗口、选择预报时段、所需要素,通过图表和折线图形式显示数据,同时支持以表格、图表的下载导出。

天气现象:所选择时段内逐小时天气现象(晴、多云、雨量、雪量)预报。

预报时间:将预报时段按照逐 1 h、逐 3 h、逐 6 h、逐 12 h、逐 24 h 的时间进行分段。

降水:对应预报时间,自动匹配所选时段内逐 1 h 降水、逐 3 h 降水、逐 6 h 降水、逐 12 h 降水、逐 24 h 降水预报。

温度:对应预报时间,自动匹配所选时段内逐 1 h 最高/最低气温、逐 3 h 最高/最低气温、逐 6 h 最高/最低气温、逐 12 h 最高/最低气温、逐 24 h 最高、最低气温的预报。

风:对应预报时间,自动匹配所选时段内逐 1 h 极大风速风向、逐 3 h 极大风速风向、逐6 h 极大风速风向、逐 12 h 极大风速风向、逐 24 h 极大风速风向的预报。

湿度:对应预报时间,自动匹配所选时段内逐 1 h 相对湿度、逐 3 h 相对湿度、逐 6 h 相对湿度、逐 12 h 相对湿度、逐 24 h 相对湿度的预报。

能见度:对应预报时间,自动匹配所选时段内逐 1 h 能见度、逐 3 h 能见度、逐 6 h 能见度、逐 12 h 能见度、逐 24 h 能见度的预报。

云量:对应预报时间,自动匹配逐小时云量。

预警信号:叠加显示预警信号,标识当前发布预警信号的预警类型,点击图标查看详细的预警信息,包括预警类型、发布时间和内容等。

服务动态:实时跟踪地县的决策服务情况并叠加显示,标识当前时段地县发布服务产品概要,点击图标查看详细的信息,包括的类型、时间、服务对象、服务方式、发布时间等。

3.1.9　超阈值自动报警

三级(监视区、警戒区、责任区)不同防御区内,当某一实况值超阈值出现,则实行自动报警(图 3.11):

监视区出现:WEBGIS 平台显示,平台中高亮、跳动显示,并且有声音提醒,连接叫应中心,向值班人员自动发送短信提醒;

警戒区出现:WEBGIS 平台显示,平台中高亮、跳动显示,并且有声音提醒,连接叫应中心,向值班人员、部门领导自动发送短信提醒;

责任区出现:WEBGIS 平台显示,平台中高亮、跳动显示,并且有声音提醒,连接叫应中心,向值班人员、部门领导、主管领导自动发送短信提醒,并进行电话呼叫。

3.1.10　地县防灾减灾地图、防灾减灾大数据显示

基于 WEBGIS 平台,默认显示自治区级防灾减灾地图和各类防灾减灾大数据的表,支持鼠标在地图上选择行政区域(精确到县),以弹窗的形式弹出该行政区域内防灾减灾地图和各

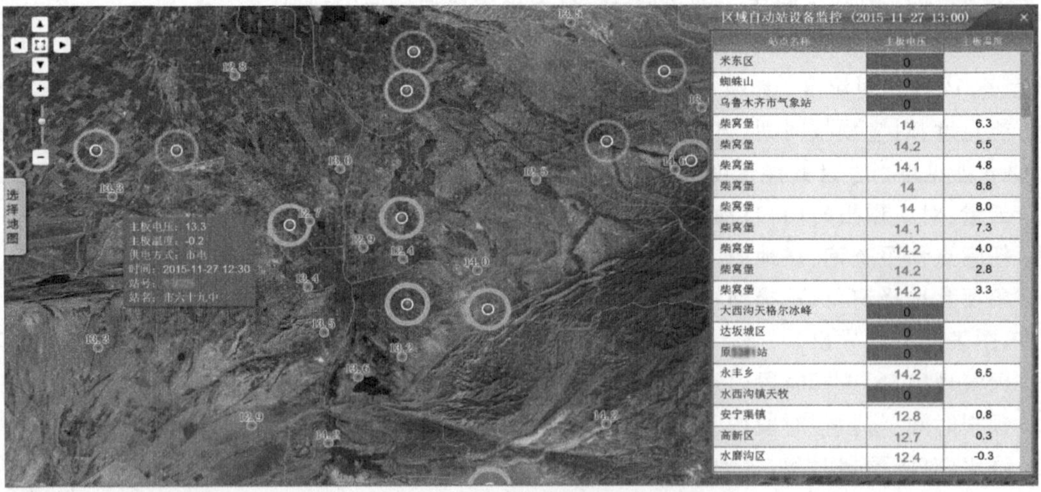

图 3.11　超阈值自动报警

类防灾减灾大数据列表（点击查看详细），同时支持模糊查询（通过输入地名、站点名，定位到该地、该站点所在地区、县的防灾减灾地图、防灾减灾大数据），支持数据的上传、下载操作。

地县防灾减灾地图：遥感影像图、气象防灾减灾地图主图（除地理信息基础数据外，需标注气象防灾减灾信息，包括本辖区主要气象灾害分布及常规移动路径、气象灾害风险隐患点、气象防灾减灾重点区域、防灾减灾设施分布）、气象防灾减灾信息附表、气象灾害防御计划或防御服务策略等内容的查询、统计显示。同时支持下载导出。

气象防灾减灾地图主图：地、县级气象防灾减灾主图（图 3.12）。

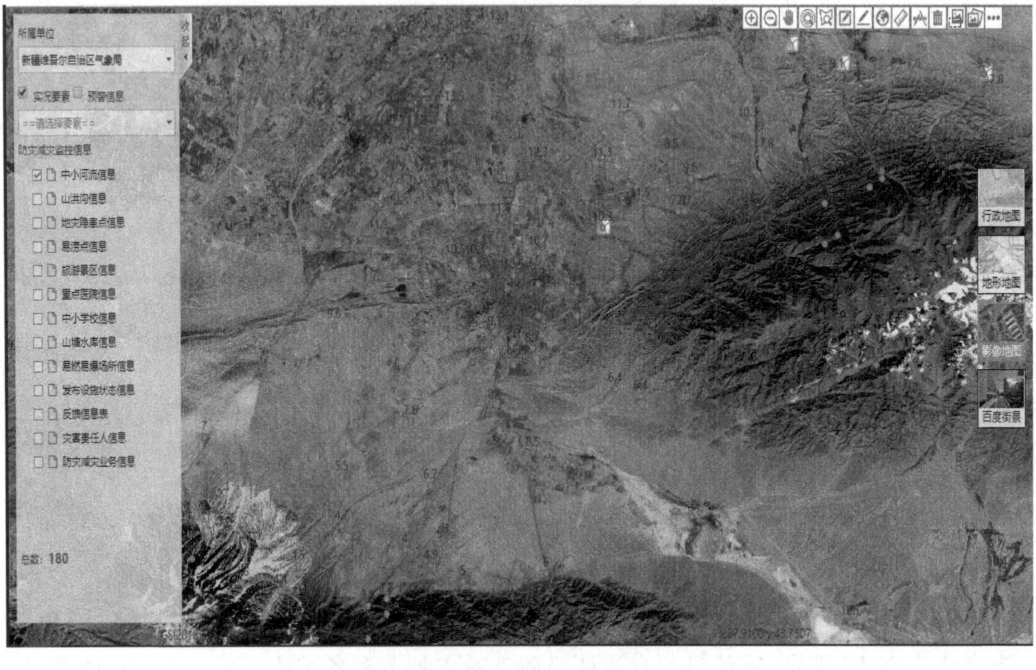

图 3.12　地县防灾减灾地图、防灾减灾大数据显示

防灾减灾大数据查询：可查询、统计显示、导出地、县的防灾减灾大数据。

降水数据：查询区域内最大降水量、极端最大日降水量等站点的统计数据，列表显示查询结果，支持依据观测值大小的升降序排列。同时支持下载导出。

防汛数据：查询区域内重要水库信息，水体信息，山洪沟、泥石流、滑坡点信息，重点防洪中小河流及其沿线的气象站雨量指标，易涝地段分布信息，受洪水威胁的地区、旅游景区、工矿企业、重点防洪水库附近气象站雨量指标及其他防灾减灾需重点关注的信息。同时支持下载导出。

地址灾害隐患点数据：查询区域内地灾隐患点附近气象站雨量指标。同时支持下载导出。

防灾减灾负责人数据：所选区域内党委、政府防灾减灾负责人、主要涉灾单位负责人，气象灾害重点防御单位责任人信息，基层气象灾害防御人员信息。同时支持下载导出。

3.2　其他功能

背景控制：通过设置地图控制、参考设置和出图尺寸的背景控制，满足用户个性化要素图交互制作需求。地图控制包括地图样式切换、行政边界、行政名称、地图大小等设置内容。参考设置包括站点类型和显示、数据显示方式等选择。出图尺寸包括自适应和自定义两种，支持对图片制作的黑色实线框的显示和隐藏操作。

测距、截图、标注、字体大小、字体调节等。色斑图工具：点击色斑图工具，可增加色斑图落区，对落区颜色进行选择后，在地图上绘制落区。操作控制工具：分别点击撤销工具、恢复工具，可撤销或恢复上一步绘制动作。地图控制工具：点击放大工具可放大地图界面。点击缩小工具可缩小地图界面。

3.3　数据查询模块

该模块基于CIMISS数据库支持自动站的实况和历史数据快速查询、支持灾害个例、排序极值、实况均平、天数统计和要素统计、预报图片及表格的查询与导出；查询统计气象灾情信息，可直连灾情直报3.0系统；支持中小河流、水库、地灾隐患点、旅游景区、工矿企业等防灾减灾基础数据以及防灾减灾作战图、规章制度、基层防灾减灾队伍等信息数据统计查询。

3.3.1　各类实况数据查询

支持自动站的实况和历史数据快速查询，要素包括降水、风、温度、能见度、气压和湿度等（图3.13），通过文字、图片、列表三种方式显示查询结果。

查询要素：

①降水要素包括近1 h降水、过去3 h降水、过去6 h降水、过去12 h降水、过去24 h降水、08—08时降水、20—20时降水。

②风要素包括实时风向风速、过去24 h最大风向风速、过去24 h极大风向风速。

气温：实时气温、过去24 h最高温、过去24 h最低温、08—08时最高温、08—08时最低温、20—20时最高温、20—20时最低温、24 h变温。

③能见度：当前能见度、过去1 h最小能见度、过去24 h最小能见度。

④气压：实时气压、3 h变压、24 h变压。

⑤湿度：实时相对湿度。

⑥零度层高度查询(时序曲线表示)。

⑦查询统计

选择任意时间段，支持该时间段内的降水、最高温度、最低温度、1 h 雨强、最大风和极大风等的查询统计，地图方式显示各站点查询统计结果。

⑧列表查看

以列表方式查看当前所查询的自动站实况数据，显示内容包括站点名称、要素、观测值和站点个数等内容，支持列表数据的复制导出功能。

支持按照观测值的大小进行站点的升序、降序排列。

支持按站点所属地区进行分区显示。

支持按照观测值进行区间分级，显示不同区间内的站点个数统计。

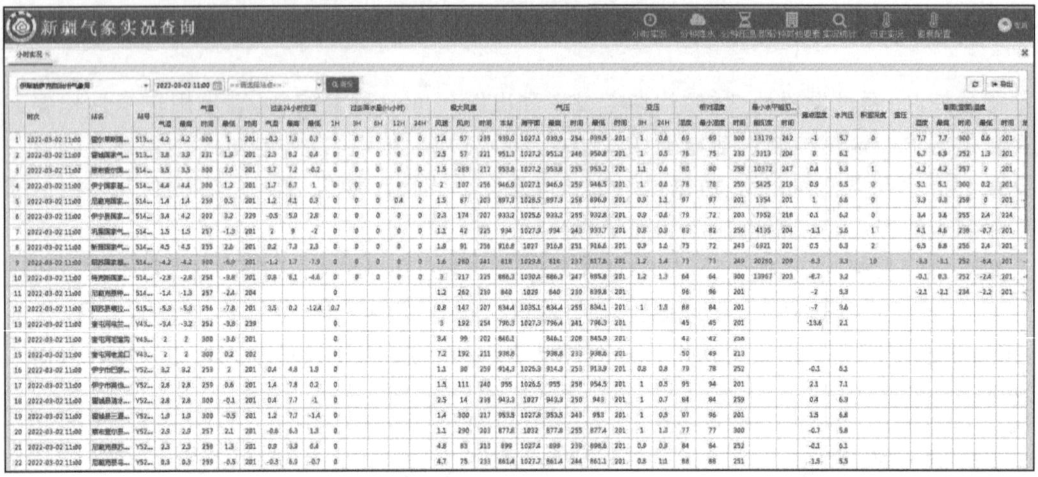

图 3.13　数据查询模块

3.3.2　统计查询

支持灾害个例、排序极值、实况均平、天数统计和要素统计，支持列表和图片两种输出方式。

①灾害个例：支持对暴雨、寒潮、高温、低温、大风、降雪、大雾、雨凇和雷暴等灾害的连续和个例进行任意时段查询统计，支持历史同期对比，可对站点（单站、国家站、区域站、所有站）、站点数量、量级和时段进行筛选，查询个例结果以列表形式显示。

②排序极值：支持对平均气温、最高气温、最低气温、08—08 时雨量、20—20 时雨量和日照数据的极值进行任意时段查询统计，支持历史同期对比，可对站点（单站、国家站、区域站、所有站）进行选择，查询结果以出图、列表以及文字描述形式显示，支持站点、按年份排序和列表导出功能。

③历史同期对比查询：通过选择历史时间进行查询，支持该历史时间内的任意、年、季、月、旬、候、日等多种方式选择。

任意：任意年及其时间段；

年：今年至今、去年、全年和任意年；

季：春季（3—5 月）、夏季（6—8 月）、秋季（9—11 月）、冬季（12—2 月）；

月：任意年及月份；

旬:任意年及月的上旬、中旬和下旬;

候:任意年及月的候数(5 日为一候);

日:今日或任意年月日。

④极值查询:类型分为极大值、最小值、平均值、累积值。

极大值:列表显示站点名称(全区极大)、当年极大值、实况日期、历史极值、极值日期、当年排序。支持查看个例的极值、站名、排序、极值出现时段和出现日期。

最小值:列表显示站点名称(全区极小)、当年极小值、实况日期、历史极值、极值日期、当年排序。支持查看个例的极值、站名、排序、极值出现时段和出现日期。

平均值:列表显示序号、站点名称(全区平均)、当年平均值、历史极值、当年排序。支持查看个例的排序、平均最高气温、每年时段。

出图支持当年排序、历史极值和当年值三种方式选择。

⑤实况均平

支持对平均气温、最高气温、最低气温、08—08 时雨量、20—20 雨量和日照数据的实况值、常年同期、距平百分比进行任意时段查询统计,支持历史同期对比,可对站点(单站、国家站、区域站、所有站)进行选择,查询结果以出图、列表、文字形式显示,支持站点、按年份排序。

⑥天数统计

支持对最高温度、最低温度、平均温度、雨量、雾、霾、雨凇、雷暴和冰雹的连续和天数进行任意时段查询统计,支持历史同期对比,可对站点(单站、国家站、区域站、所有站)、站点数量、量级和时段进行筛选,查询结果以列表形式显示。

⑦要素统计

支持对最高气温、最低气温、平均气温、08—08 时雨量和 20—20 雨量的任意时段查询统计,支持历史同期对比,可对站点(单站、国家站、区域站、所有站)进行选择,查询结果以列表形式显示和按大小排序(图 3.14)。

上述查询结果可通过图文转换技术,实现图片、文字、表格三种方式的查询结果展示,可将查询结果进行插入 word 或者导出操作。

文字素材:根据用户配置,将时间、要素、地区等数据信息,转换成规范表达的文字内容。如“风　3 月 16 日 08 时至 17 日 08 时,博州阿拉山口、十三间房一带出现 7 级左右的阵风;最大风力出现在博州阿拉山口,瞬间极大风力 8 级(26.1 米/秒),出现在 3 月 17 日 07 时 56 分。”

图片素材:根据实况数据分布情况,生成实况色斑图,图片包括标题名称、时间、发布单位、图例等信息。

表格素材:根据自动站实况数据,生成地区(站点)、时间、要素实况值等信息。

预报素材查询,图片素材:将所需的气象数据可叠加到地理信息上生成图片,图片作为服务产品的素材,便于更直观地了解天气分布和变化趋势。

图片的制作:选择气象要素,如降水、高温、低温、能见度、湿度、最大风场、变温场等。

选择时间,分为任意时间和固定时间。可选择任意时间段数据或者间隔为 1 h、3 h、6 h、12 h、24 h 的预报数据。

图片的插入:点击“插入”,自动在文档当前光标位置插入生成好的图片。点击“复制”,可对标题文字进行复制,用于文档任意位置的标题粘贴。

表格素材展示:表格的展示对不同地区、不同时段的预报数据有直接对比的作用,一目了然预报数据中数值的大小和天气情况。

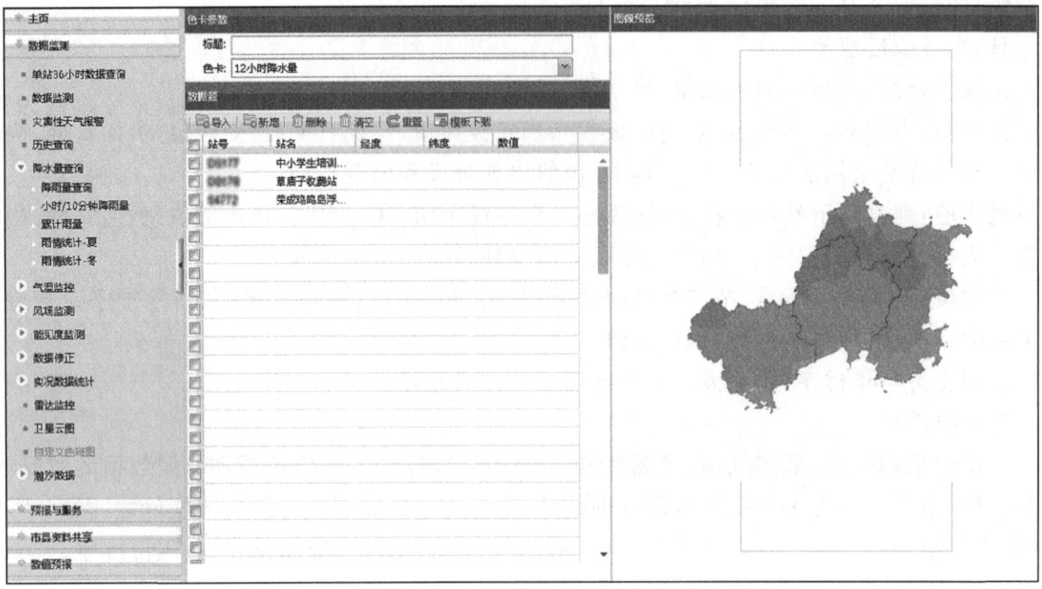

图 3.14　统计查询

表格功能如下。

①设置表格

时间选择:预报数据内的任意的时间段。

间隔选择:1 h、3 h、6 h、12 h、24 h。

要素选择:天气现象、降水、相对湿度、温度、最高温、最低温、风场、云量、能见度。

地点选择:可通过列表选择固定的站点作为地点,或者点击“新增”输入经纬度,点击“删除”将已选地点删除。

点击表格设置上方“保存”,根据设置内容生成表格。

②复制表格

可将生成的表格进行复制粘贴至文本中任意位置。

3.3.3　预报查询及产品调阅

(1)预报查询:可以对当前各类预报产品进行调阅查询(图 3.15)。

(2)产品调阅:通过对接预报平台,将预报员编辑的预报产品数据调用至气象决策产品服务平台进行浏览应用。根据预报产品的内容对素材进行划分,便于业务人员对关键内容编辑。

在产品调阅页面,点击树形菜单中的预报产品,可显示预报产品内容,可直接将内容插入产品制作进行编辑,也支持在编辑栏中对预报产品进行二次编辑,点击“保存”可对当前编辑内容进行存储。

产品调阅模块也可根据网格预报产品数据,通过分类素材管理中配置的模板内容,对预报产品进行自动生成。

在素材列表中选择素材类型,点击“新建”产品,根据网格预报数据自动生成预报产品,并可在编辑栏进行二次订正,点击“保存”对当前制作内容进行存储,确认无误后,点击“提交”,完成该产品的素材制作，素材被保存在分类管理目录中。生成好的素材产品可直接插入产品制作进行编辑。

(3)常用语调阅：根据不同季节、不同灾害天气、不同行业对决策服务常用语进行分类，包括建议与关注、各种灾害天气过程的防御指南等。

通过树形菜单查看决策服务常用语，点击可查看详细内容，支持常用语导入、复制、粘贴功能，支持关键字模糊检索功能。

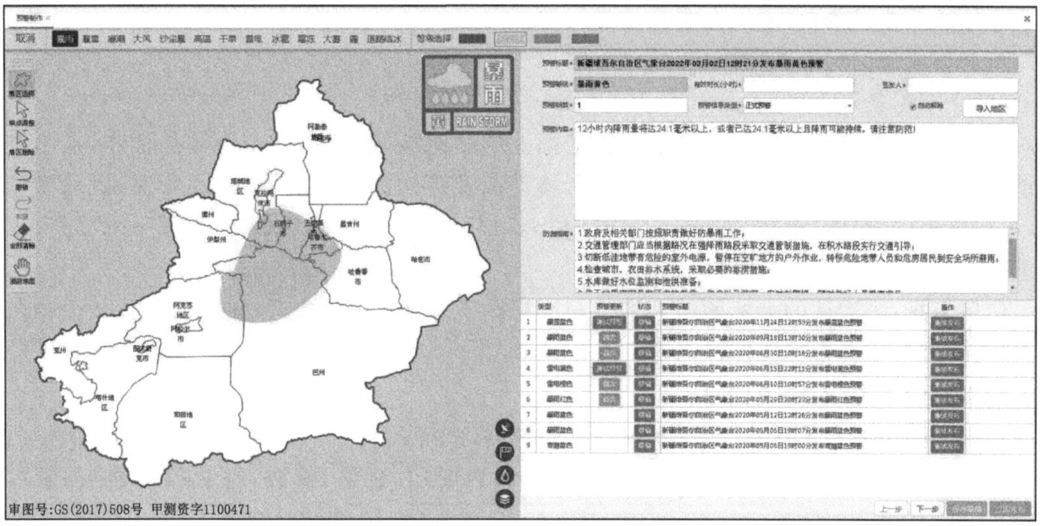

图 3.15　预报查询

3.4　交互制作

基于智能网格预报，形成相关区域要素落区，灾害天气落区等图形产品；在自动站要素资料的基础上，实现要素的分布图生成(降水、气温、能见度、风力、降雪深度)；在历史资料数据库的基础上，形成历史资料图形和列表展示，加强综合材料数据分析效果。

绘制工具主要包括抓手工具、站点工具、落区工具、曲线工具、文字工具、色斑图工具、撤销工具、恢复工具、放大/缩小工具。

(1)抓手工具

点击抓手工具，可对地图进行拖动，滚轮可对地图进行放大缩小操作。

(2)站点工具

可通过选择站点增加、移动、删除、清空操作。

可在地图上叠加扬沙、浮尘、风向风速、沙尘暴等图标。

其中风向风速可选择具体的方向以及风力级数大小。

(3)落区工具

选中落区工具，可在地图上进行增加落区、修改落区等操作，对绘制区域的边缘进行调整等操作。主要包括工具选择、基础设置和不同要素的色斑图的选择。

要素包括降水、雨夹雪、雪、高温、大风、沙尘、雾、降温。

还包括地质灾害、山洪灾害、山洪预警、森林火险、其他落区色斑图的选择。

工具选择：可选择增加、修改、移动、删除、清空区域操作。

基础设置：可通过按住鼠标左右滑动改变百分比调整透明度；可选择描边的线条粗细和颜色，主要包括描边的粗细 1px、2px、3px、4px、5px 黑白红三种常用的描边颜色。

(4)曲线工具

点击曲线工具，可在地图上画出任意曲线，也可通过修改、删除、清空工具对曲线进行修改。

可修改曲线的颜色，通过点击色块进行选择。

可调整线条的粗细和样式。

(5)文字工具

点击文字工具时出现属性面板，点击地图上的任意位置，可在此位置添加标注，点击空白处结束录入，可使用该工具对文字位置进行移动以及再次编辑。属性面板：字体(默认微软雅黑，下拉有宋体，黑体，楷体，Arial)，字号(12px，14px，18px，24px，30px，36px……72px，可手动录入)；颜色：常用的黑灰红白。

使用场景：当默认的大标题时间控件与小标题不满足出图所需时，清空标题输入框内的文字，然后使用该工具来标注图片名称。

图例设置管理(隐藏设置)：

可控制图例的显示样式，包括数值样式、排列样式等；

可创建不同要素的图例方案，包括图例色块的增加、删除、修改，色块数值输入、颜色选取等；

数值样式：可勾选居中式或卡尺式；

排列样式：可选择竖排或横排；并可选择数值所在位置；

单色块长宽：可手动修改长和宽具体数值。

(6)能支撑区地两级精细化格点交互订正功能

不同用户登录系统后，根据不同权限来控制地图、制作区域、制作功能等，权限主要分为区级权限和地级权限。系统调入显示降尺度格点场产品、基础格点背景场产品、本地客观产品、各级指导产品和集合预报极端天气指数等产品，预报员结合以上产品和主观预报经验进行不同时效间隔的降水落区等值线绘制；也可调入上一时次的格点场产品进行订正。主观预报降水落区等值线绘制完成后保存结果，后台利用等值线反演技术算法，输出成格点场值；后台利用主客观融合技术，生成区级融合指导产品。站点订正支持地图和表格形式订正，在地图和表格内实现区域内所有站点要素显示和订正等功能。可对上级下发的指导产品使用智能订正工具订正功能。实现格点、站点同界面订正反馈功能，订正完成后保存并上传区级，或下发地级。会商功能，非值班用户可在该模块制作预报，并提交至个人会商目录。

实现格点/站点协调一致性功能，动态的格点/站点转化规则，“站点订正优先、格点插值”以及“格点订正优先、站点插值”等功能切换，既能完成面到站点的反馈也能实现站点到面的反馈。所有的协调均为实时进行。

实现智能订正工具箱功能如下。

通用工具箱：落区增改、落区中心、落区删除、落区清空、落区格点化、格点等值线化、点编辑工具、擦涂工具、图刷工具、矩形工具、线工具、阈值过滤、区域选择、修改区域值、移动区域、区域删除、锁定区域、加权平均、凹槽凸脊、系统新生、梯度法修改、手绘跟随流场、差值调整和中尺度叠加。区域编辑、调整、平移、阈值过滤、平滑、中值滤波、最高最低设定、抛物线插值、三次样条插值(多时次)、曲线调整(多时次)、差值调整等。

格点编辑订正功能如下(图 3.16、图 3.17)。

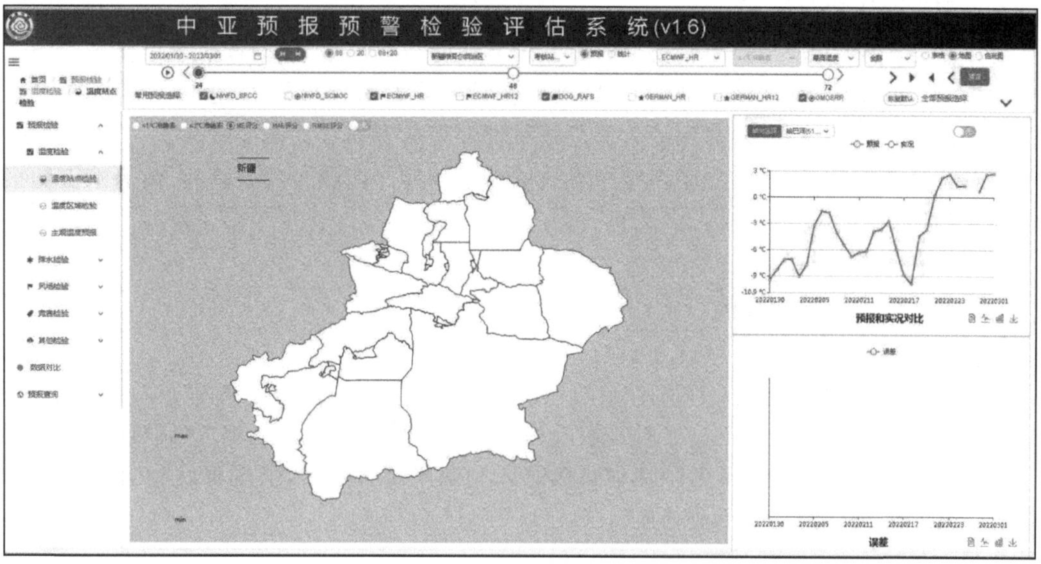

图 3.16 格点编辑订正功能(一)

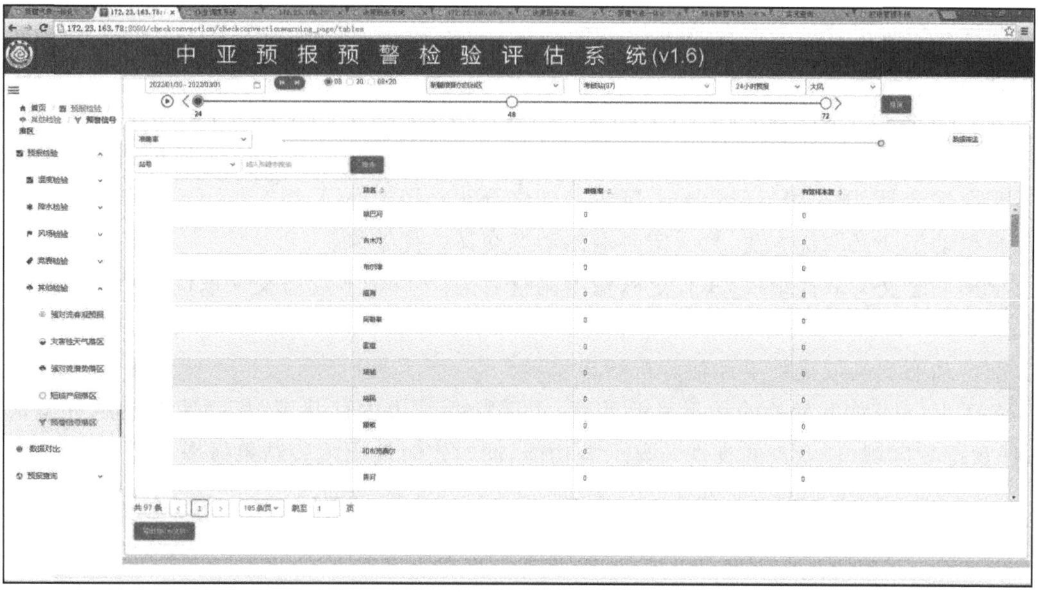

图 3.17 格点编辑订正功能(二)

对点的编辑修改:可对画刷实施一定的宽度、数值或加减值,对扫过路径点数值进行改变等操作。

对线的编辑修改:进行区域等值线编辑,可对等值线进行删除、增加、拉伸等操作。

对面的编辑修改:建立区域的概念,可对区域内或者区域外的值进行修改,也可实现对区域的复制移动,可对区域进行固定值的修改,也可对区域的数值进行加减,也可对区域数值进行线性渐变或者非线性渐变修改等操作。

站点编辑订正功能如下。

对单站的编辑修改:进行单站要素进行数值修改,可以进行加减值修改等操作。

对多站的编辑修改:选定区域,可对区域内多站要素的值进行修改,也可对区域内多站的数值进行加减,也可对区域内多站的数值进行线性渐变或者非线性渐变修改。

针对区地不同需求,可实现图表结合方式的编辑功能。能够实现城镇、乡镇等站点预报产品的编辑制作。

智能订正辅助工具如下。

气象要素时空一致性协调。

格点、站点协调。

格点场变分协调。

格点场演变特征曲线订正。可对要素进行单时次调整,也可进行多时次调整。

天气现象生成。建立基于多种基本要素的天气现象转换技术,实现降水相态、雾霾、沙尘等各类天气现象预报的自动生成转换。

实现预报产品区地协同订正如下。

实现区级全要素格点/站点指导预报产品结果保存,进行区域裁剪,下发地县级。地县级上传的订正产品拼接。最终格点/站点预报产品入库、上传国家气象信息中心。

实现观测资料叠加参考功能如下。

模块可叠加实况参考资料,包括自动站、区域站、雷达回波、卫星云图等。

后台动态交叉取优如下。

第一类交叉取优产品 EC-thin、NCEP、T639-thin、GRAPES、WARMS 等模式产品。第二类交叉取优产品:国家级、区域中心、区级基础格点背景场产品等。

根据动态交叉取优方法,每天定时输出动态交叉取优结果。

根据动态交叉取优结果,每日定时输出调整后的 0～240 h 动态交叉取优产品(DCOEF 产品)。

前台动态交叉取优效果评估分析结果显示。

基于 B/S 结构开发检验结果显示界面,实现检验结果的柱状图、折线图和表的任意时间段、任意行政区域、任意点的查询与显示等功能,同时定时输出检验结果报表。

3.5 外部门数据查询接口

外部门数据查询包括水利数据、水情数据(河流来水量、水库水位等)、环保数据($PM_{2.5}$、PM_{10}等)(图 3.18)。

以县为单位,建立基层气象防灾减灾数据库,包涵气象灾害风险数据、气象防灾减灾重点单位数据、防灾减灾救灾设施数据、气象防灾减灾救灾人员数据等。地县级可对数据进行更新。

(1)气象灾害数据:查询显示该县气象灾害种类、历史气象灾情,主要气象灾害影响路径和范围等数据。

(2)气象灾害风险数据:数据包括该县中小河流洪水、山洪、地质灾害、内涝隐患点数据,易涝区(点),森林火灾重点防范区,陡坡、洼地等气象灾害风险相关数据信息。信息显示在高精度卫星地图上,点击该点可显示详细信息,主要包括名称、地点名称、经纬度、管理单位、联系人、历史灾情、主要致灾的气象因子以及致灾临界阈值等。

图 3.18　外部门数据查询

(3)气象防灾减灾重点单位数据:统计该县对气象灾害敏感的工矿企业,大型农业园区(设施农业园区)、主要农作物种植区、重点旅游景区等;铁路、高速公路、航道以及桥梁、堤防等重点设施;车站、学校、医院、广场、大型商场等人口密集的公共场所。其他重点单位可参照气象行业标准《气象灾害防御重点单位气象安全保障规范》(QX/T 336—2016)确定。信息内容主要包括名称、所在地经纬度、地址、所属管辖单位、相关人员联系方式等。

(4)防灾减灾救灾设施数据:包括气象灾害监测设施分布;预警信息发布设施,如预警大喇叭、户外显示屏、农村应急广播分布;避灾设施,如应急避难场所、应急物资储备场所的分布;乡镇行政办公场所等。信息内容主要包括名称、所在地经纬度、地址、管理单位、设施用途及基本情况备注等。

(5)气象防灾减灾救灾人员数据:包括市、县、乡(镇、街道)党委、政府防灾减灾负责人、主要涉灾单位负责人,气象灾害重点防御单位责任人信息,基层气象灾害防御人员信息(气象协理员、气象信息员、村干部)等。信息内容主要包括姓名、单位、职务、地址、联系方式、职责等。

3.6　灾情查询及概要显示

支持新疆区域内各类灾情的查询,并且对灾情类型、地点、时间有一个概要显示,同时支持灾情的导出。

灾情信息来源为灾情直报系统。

支持导出《灾情快报》形式的灾情产品。

3.7 预报预警制作发布模块

预报预警制作发布模块功能(图 3.19),直接调用新疆气象局现有的预报预警制作、一键式发布模块。

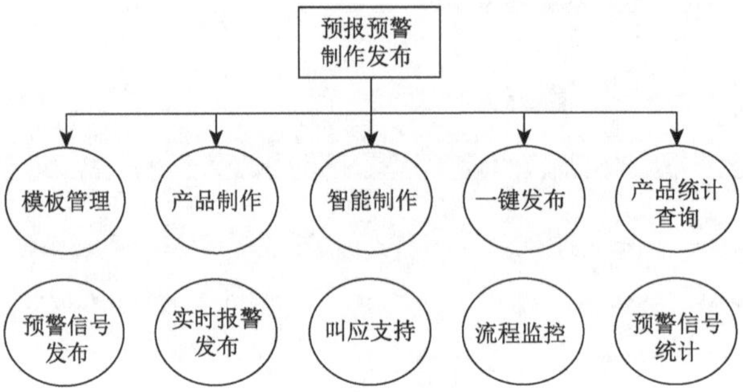

图 3.19 预报预警制作发布模块

该模块包含预警信息制作发布、气象防灾减灾服务产品制作发布、叫应中心三个子模块,预警信息制作发布模块需实现统一输入接口、多种输出接口的功能,数据接口能够与突发事件预警信息发布系统无缝连通,实现气象灾害预警信息通过手机短信、大喇叭、显示屏、网站、微信、传真等渠道一键式发布。从统一渠道接收到的信息都存储在系统数据库中存档,对接收和处理的过程以日志记录的方式保存,提供页面监控告警;气象防灾减灾产品制作模块,可以根据自选素材手动制作决策服务资料,也可设置时间轴、阈值等作为产品制作触发条件通过预生成、审核、发布三部分自动生成产品。还需具备交互制图功能,可以根据各级气象部门实际需要,定时制作各类实况图表,具有天气符号添加、线条修改等二次编辑功能。叫应中心模块能够为电话叫应服务提供辅助支持,可设置叫应阈值,当发布预警信号或实况超过阈值时,能自动提醒值班人员开展叫应工作。

3.7.1 决策服务产品制作模块

该模块紧贴业务实际,根据各类材料配置模板,包括素材查询、产品制作(定时自动生成、任意时刻手动制作)和一键式发布(包括任务设置、渠道设置、分发时间等功能),还具备交互编辑、交互制图功能,可以根据各级气象部门实际需要,定时制作各类实况及预报图表,具有天气符号添加、线条修改等二次编辑功能(图 3.20)。

产品制作基于不同模板,可以根据自选素材手动制作决策服务资料,也可设置时间轴、阈值等作为产品制作触发条件通过预生成、审核、发布三部分自动生成产品。

3.7.2 模板管理

模板管理模块实现对主要决策服务产品模板的增删改管理以及制作指标的配置。

增:可实现增加新的材料模板,直接导入新模板文档或在线上编辑器中建立新的模板,最终创建一个新的材料模板。

图 3.20　决策服务产品制作模块

删:可实现在模板列表中单个或批量删除已有模板。

改:可实现对已有的模板进行修改(文字格式、字体、表格等)的功能。

查:在模板列表中可以点击查看模板的详细内容。

制作指标配置:对各种决策服务材料设置相应的制作指标,并建立各指标与相应模板之间的关联,当相应数据达到指标时自动生成服务产品或提醒预报员制作相应的服务产品。

3.7.3　产品制作

产品制作如图 3.21 所示。

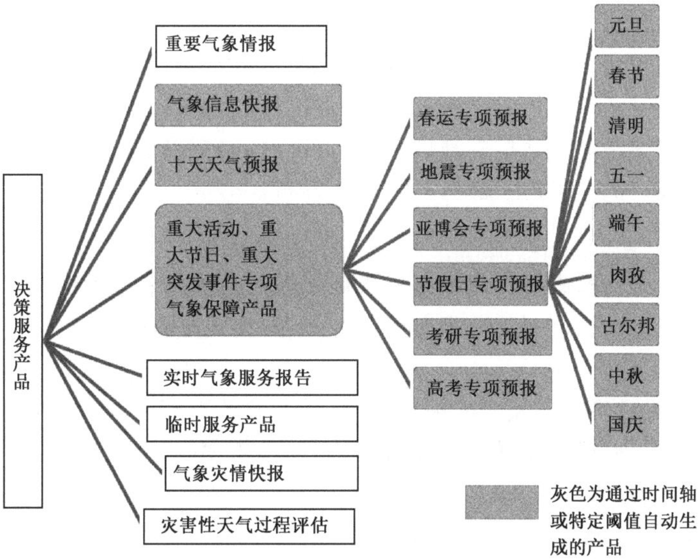

图 3.21　产品制作

3.7.4　产品生成

可实现任意时刻手动选择决策服务产品并快速生成。在决策产品列表中选择要制作的产品类型，输入时间地点等相应参数，后台通过预先配置的模板，自动调用编辑的素材、实况统计数据和网格预报数据生成所需的决策服务产品。

3.7.5　产品订正

可实现对生成的产品进行二次订正。查看生成后的产品，可直接对文档进行内容编辑，支持素材查询模块的数据快速插入，对也可通过工具栏对文本进行字体、间距、颜色等样式进行编辑，编辑方式与 word 操作一致。

具体步骤大致如下：

①取响应模板、填写制作、审核等信息、勾选天气类型，预生成基础模板；

②调入预生成材料、二次编辑修改，审核，无问题发布；

③键式发布，有发送反馈。

3.7.6　智能制作

可设置时间轴、阈值等作为产品制作触发条件自动生成产品，实现对降水、大风、温度、能见度等报警要素进行阈值设置，通过设置有效时段和各要素不同级别的阈值，当自动站数据达到阈值，根据预设的标准，自动生成决策产品(图 3.22)。根据舆情监控获取的地震、地质灾害、污染泄漏、火灾等突发事件第一时间自动制作，形成预生成产品。自动生成的决策服务产品可在产品制作模块进行调阅浏览，支持对其进行二次订正发布。

根据目前业务，实现自动收集素材，定时制作气象信息快报、灾情快报、地震专报等服务材料，针对灵活性较大的材料可对相关要素进行设置，自动生成服务材料，材料内容可同时具备文字、色斑图及表格等内容。

气象信息快报：根据设置好的天气强度指标(降水国家站 3 站达中量或区域站 3 站达暴量等)，定时生成产品，经过主观订正后，一键发布。

灾情快报：根据灾情直报 3.0 系统获取灾情信息，自动生成灾情快报经过主观订正后，一键发布。

地震专报：根据舆情监控获取的地震、地质灾害、污染泄漏、火灾等突发事件，第一时间自动制作，形成预生成产品，经过主观订正后，一键发布。

3.7.7　一键式发布

一键式发布各项功能，直接调用新疆气象局现有的一键式发布模块。

决策服务产品根据设置的任务、发布渠道等信息，实现产品的一键分发。

(1)产品发布引擎

产品发布引擎是负责产品发布的独立模块，通过发布引擎与外部发布渠道的软硬件接口对接，打通发布通道，实现产品发布。发布引擎可支持短信、传真、FTP、本地路径、邮箱、NOTES 等多种发布渠道。

(2)任务设置

在产品列表菜单创建分发任务，通过设置与服务产品模板的关联关系，实现对分发任务的设置。

分发任务可按组归类整理，可对产品分发任务名称进行编辑修改(图 3.23)。

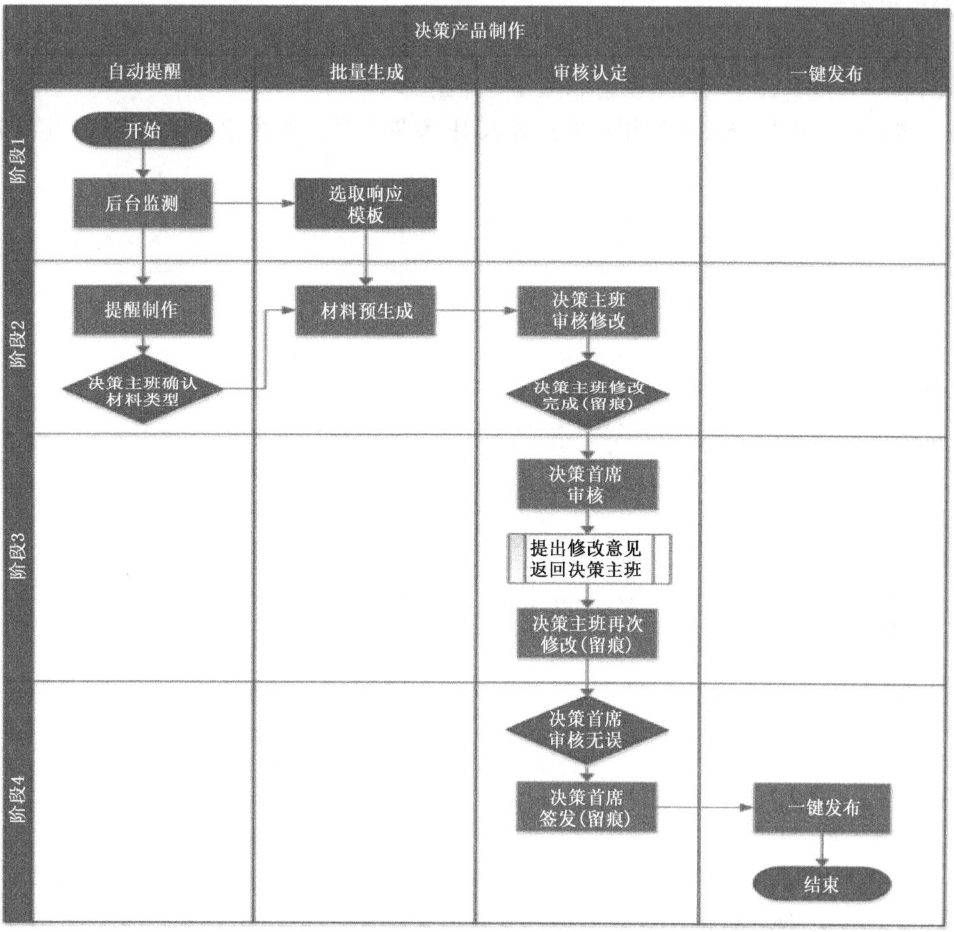

图 3.22　智能制作

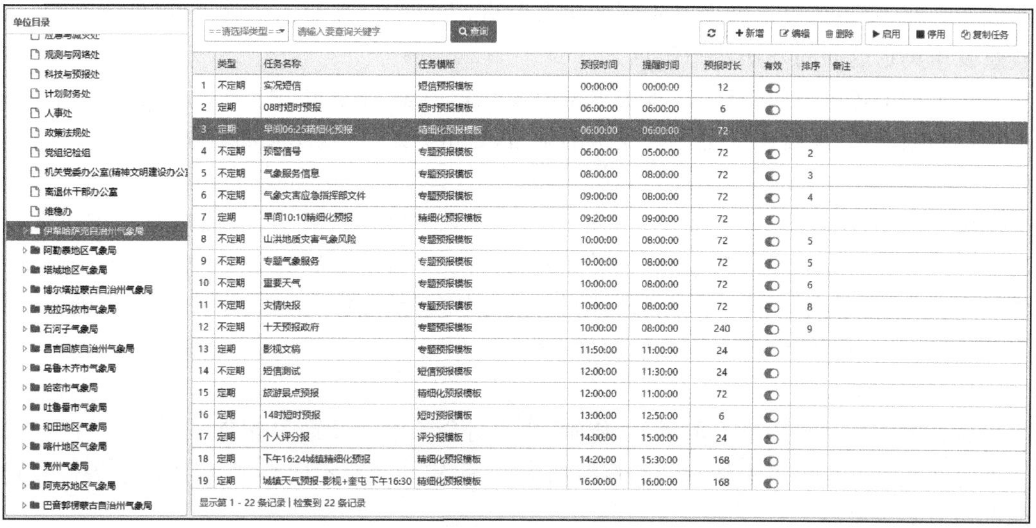

	类型	任务名称	任务模板	预报时间	提醒时间	预报时长	有效	排序	备注
1	不定期	实况短信	短信预报模板	00:00:00	00:00:00	12			
2	定期	08时短时预报	短时预报模板	06:00:00	06:00:00	6			
3	定期	早间06:25精细化预报	精细化预报模板	06:00:00	06:00:00	72			
4	不定期	预警信号	专题预报模板	06:00:00	05:00:00	72		2	
5	不定期	气象服务信息	专题预报模板	08:00:00	08:00:00	72		3	
6	不定期	气象灾害应急指挥部文件	专题预报模板	09:00:00	08:00:00	72		4	
7	定期	早间10:10精细化预报	精细化预报模板	09:20:00	09:00:00	72			
8	不定期	山洪地质灾害气象风险	专题预报模板	10:00:00	08:00:00	72		5	
9	不定期	专题气象服务	专题预报模板	10:00:00	08:00:00	72		5	
10	不定期	重要天气	专题预报模板	10:00:00	08:00:00	72		6	
11	不定期	灾情快报	专题预报模板	10:00:00	08:00:00	72		8	
12	不定期	十天预报政府	专题预报模板	10:00:00	08:00:00	240		9	
13	定期	影视文稿	专题预报模板	11:50:00	11:00:00	24			
14	不定期	短信测试	短信预报模板	12:00:00	11:30:00	24			
15	定期	旅游景点预报	精细化预报模板	12:00:00	11:00:00	72			
16	定期	14时短时预报	短时预报模板	13:00:00	12:50:00	6			
17	定期	个人评分报	评分报模板	14:00:00	15:00:00	24			
18	定期	下午16:24城镇精细化预报	精细化预报模板	14:20:00	15:30:00	168			
19	定期	城镇天气预报-影视+奎屯 下午16:30	精细化预报模板	16:00:00	16:00:00	168			

显示第 1 - 22 条记录 | 检索到 22 条记录

图 3.23　任务设置模块

(3)渠道设置(图 3.24)

通过将预报产品传入分发引擎中,根据预设的产品分发渠道,将产品一键发布至NOTES、Email、传真、FTP、网络映射和短信等渠道。

由管理员统一配置修改分发用户的选择权限,设置产品发送失败的重新发布策略,提供最终分发情况报告。

图 3.24　渠道设置模块

(4)一键发布(图 3.25)

一键发布子系统能够集成区、地州和县级气象部门现有电话、传真、电子邮件、手机短信、NOTES 等信息发布功能,建立信息发布服务管理调度系统和统一、快捷的发送机制,实现信息发布自动化、快速化和一体化。

决策服务产品制作完成后,利用本级各种渠道、远程调用平台的发布渠道资源,按照预定义的发布策略,实现各类信息通过不同的发布渠道,发到指定地域的接收人群、接收终端,并能够接收发布渠道返回的发送状态信息。

支持手动上传决策服务产品,系统根据产品配置信息,默认选中产品已设置的渠道,用户可通过选择或增加、删除来变更所要发送的渠道,点击分发后,显示发布状态。

(5)叫应功能

建设规范的"叫应中心"功能模块(图 3.26),实现预警信号发布、实况报警发布和靶向预警功能,并对叫应标准、叫应对象和叫应策略的进行统一管理。满足内部叫应的"严密监测、分级指导、上下联动、区域联防"原则和外部叫应的"严密跟踪、属地为主、分级叫应、准确及时"原则,不断提高"叫应"的针对性、有效性和规范性。

预警叫应标准设置:

预警设置实现对预警信号的类别、级别、叫应对象的方案设置和查询;

通过在预警列表中可添加、删除、修改叫应方案,实现针对不同类别、级别的预警信号建立相应的叫应对象群组。

启用或停止该方案:

图 3.25　一键发布模块

图 3.26　叫应功能模块

当系统监测到已发布预警达到叫应标准时，会发出相关灾害性天气预警的提示和信息推送；

通过地区、要素、类别、状态等条件筛选进行方案查询，支持列表查看详细信息和导出 EXCEL。

3.7.8 叫应支持

按照“对内叫应”和“对外叫应”类别进行叫应对象的信息管理，实现预警信息有效传播和受众用户可用性管理。

“内部叫应”依据气象部门结构进行对象目录构建，对象列表包含部门、岗位、联系人、联系方式等字段。

“外部叫应”依据行政等级结构进行县镇乡目录构建，对象列表包含行政区、单位、联系人、职务、联系方式等字段。

对报警方式、短信语音、桌面报警、报警时效、数据源延迟和三级防御区范围的策略设置。

(1)报警方式：支持预警信号发布后、报警提醒启动后和站点提醒启动后，根据预警等级和预警确认时长的设置进行报警手段启动；

(2)短信语音：根据报警未确认时长的设置进行再次报警；

(3)桌面报警：可设置报警提醒的间隔时间；

(4)报警时效：可设置时效内未高于当前级别不再重复报警；

(5)数据源延迟：可设置超过规定时间不报警；

(6)三级防御区范围：设置警戒区和监视区范围公里数。

3.7.9 产品共享模块

产品共享模块直接调用新疆气象局现有的产品管理模块。

包括区地县三级气象服务产品以及各地规章制度的浏览、产品检索和查看下载等功能。

通过对新疆地区各类决策服务产品的采集、存储、管理、检索、统一、数据交换和归档处理，实现区级、地州级、县级决策产品的共享、查询统计和下载。

3.7.10 各地服务产品上传、储存、分类浏览

可根据实际业务需求创建分类目录，上传相应文档。产品类别可初步分为重要气象情报、预报预警、专项预报、气象信息快报、决策服务总结、灾害性天气过程评估、一周重点提示、其他等类别；同时可以对决策材料进行分类管理、浏览，如图 3.27 所示。

(1)按照时间、发布单位进行上传、储存、浏览；

(2)按照产品类别进行上传、储存、浏览；

(3)支持区级每日预报、服务产品的自动上传，显示。

说明：上传产品需入库存储。

3.7.11 快速检索

通过目录查看各类别下的产品细分列表，列表显示产品文件名和发布时间字段内容。

支持通过关键字检索文件，符合检索条件的文件列表显示。

支持设置检索关键字，通过点击关键字标签，即可快速检索资料，如大风、暴雨、强降水、冰雹、洪涝等。

支持根据查询结果统计文件数量并进行显示。

产品查询如下。

条件查询：根据任意时间段、发布单位(区气象台决策服务科、地州气象台决策服务科、县气象台决策服务科)、产品类型等查询发布产品情况，查询结果以列表形式显示，列表显示产品文件名、发布单位、发布时间等字段内容。点击可查看产品详细内容。并支持各文件的下载。

图 3.27　决策气象服务信息查看模块

关键字查询：可根据服务产品标题中的关键字进行快速查询，查询结果以列表形式显示，点击可查看产品详细内容。并支持各文件的下载。

3.7.12　产品统计

产品数量统计：按年、月、周、日统计发布产品数量；

产品类型统计：设定时间范围，按照产品类型统计发布数量；

产品级别统计：设定时间范围，按照产品级别进行统计；

发布单位统计：设定时间范围，统计各单位发布产品情况。

统计结果以表格形式显示，并支持统计表导出功能。

3.7.13　规章制度查询

区级气象部门建立基层标准的气象防灾减灾业务流程规范，全区“一把尺”；市、县气象局根据区局的规范和制度，结合本地实际，细化落实措施，建立标准化、规范化的防灾减灾工作制度。

上传：各部门将制作的规章制度、气象灾害分级防御区域划分、触发指标、防御服务策略等上传至平台；

查询：支持关键字、分级别查询；

下载：支持各规章制度文件的下载；

删除：管理员可选择已上传的文件进行删除。

3.7.14　服务产品管理

通过编辑树形结构目录，对根目录和类别实现自定义的添加、修改和删除，支持对各类产品的 TXT、WORD、PPT、PNG、JPG 等格式的文件的上传。

选择列表上的产品，实现文件的在线查看、下载和删除功能。

3.8　系统留痕及监控模块

使用了新疆气象局现有的功能模块部分，将调用新疆气象局现有的系统留痕功能（图 3.28）。

系统留痕，能够在气象防灾减灾决策服务、预警服务、灾害应急救援气象保障服务等方面实现流程监控和关键过程、节点留痕。支持留痕数据的列表导出。设置实时监控界面，对接气象预警服务设施、设备，能够实时接收设备的运行状态、网络通信情况数据等运行状态进行状态跟踪、实时监控，设备发生故障，自动标注、主动提醒，能够实现对各子系统（基层防灾减灾基础数据、防灾减灾作战图、规章制度、基层防灾减灾队伍等信息）在平台的实时动态监控。

	类型	任务名称	任务模板	预报时间	预报时长	预报员	制作日期	状态	预报内容	文件
1	定期	20时短临预报	短时预报模板	20:00:00	6		2019-06-19 18:08	已发布		
2	定期	塔里木油田气象服务	短信预报模板	18:00:00	24		2019-06-19 18:06	已发布	塔里木油田：6月19日多云，库车...	
3	定期	木扎提河水电气象服务	短信预报模板	17:00:00	24		2019-06-19 18:06	已发布	木扎提水电：预计6月20日多云有...	
4	定期	FN地区评分报	评分报模板	18:00:00	24		2019-06-19 17:56	已发布		
5	定期	环境气象服务	专题预报模板	19:00:00	24		2019-06-19 16:35	已发布		
6	定期	三区一县24小时预报	分区预报模板	17:00:00	24		2019-06-19 16:25	已发布		D:/Resource/fileF
7	定期	fn报	评分报模板	17:30:00	24		2019-06-19 16:18	已发布		
8	定期	乌鲁木齐生活指数预报	指数预报模板	18:00:00	24		2019-06-19 16:12	已发布		D:/Resource/fileF
9	定期	下午24-48小时分区预报	分区预报模板	16:30:00	48		2019-06-19 16:12	已发布	预计今天夜间到明天白天，各区晴...	D:/Resource/fileF
10	定期	16时精细化预报	精细化预报模板	15:35:00	168		2019-06-19 16:08	已发布		
11	定期	下午精细化预报	精细化预报模板	16:15:00	168		2019-06-19 15:58	已发布		
12	定期	FP精细化预报	精细化预报模板	16:13:00	168		2019-06-19 15:55	已发布		
13	定期	20时短临预报	短时预报模板	20:00:00	12		2019-06-19 15:50	已发布		
14	定期	FN报16时	评分报模板	17:30:00	24		2019-06-19 15:48	已发布		
15	定期	晚间精细化预报	精细化预报模板	16:15:00	168		2019-06-19 15:42	已发布		
16	定期	中午短临	短时预报模板	13:20:00	6		2019-06-19 13:40	已发布		
17	定期	14时短临预报	短时预报模板	14:00:00	6		2019-06-19 13:16	已发布		
18	定期	14时短临预报	短时预报模板	14:00:00	6		2019-06-19 12:57	已发布		
19	定期	0℃层高度服务	短信预报模板	10:30:00	24		2019-06-19 12:54	已发布	0℃层高度：阿克苏站6月18日20...	

图 3.28　系统留痕及监控模块

3.8.1　功能描述

（1）建立系统留痕，实现阈值设置、报警和叫应响应、预警服务、策略设置、发布对象、基础信息和用户信息等系统全流程留痕信息的快速查询，支持留痕数据的列表导出（图 3.29）。

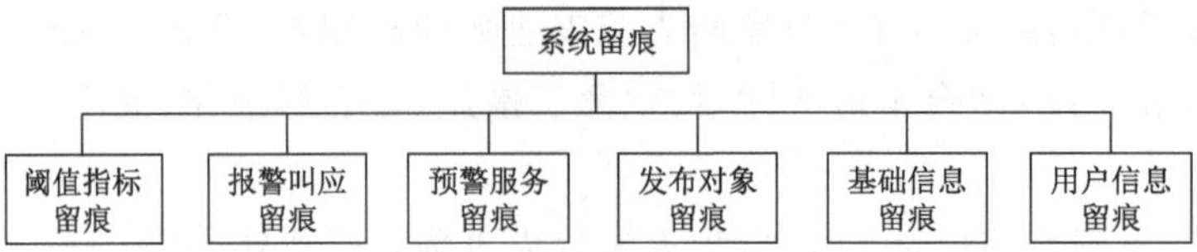

图 3.29　系统留痕

(2)设置实时监控界面如图 3.30 所示。

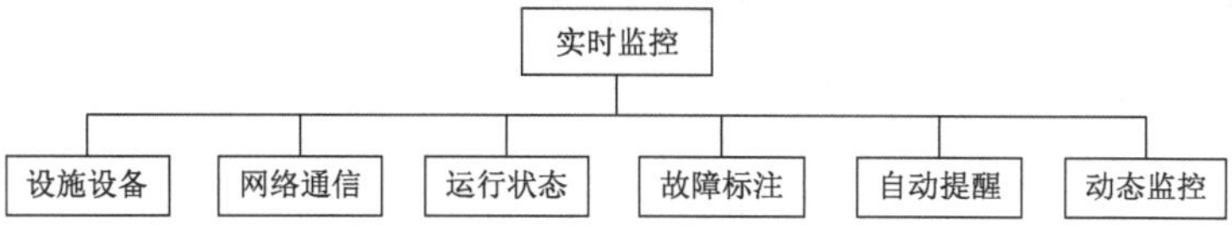

图 3.30　实时监控

3.8.2　系统留痕

(1)阈值指标留痕。针对报警设置和预警设置模块的要素阈值方案的修改信息、操作用户和操作时间进行信息化留痕和列表导出功能。

(2)报警叫应留痕。针对报警数据和叫应响应留痕管理,可根据预警时间、报警类型、报警要素、报警等级和叫应响应情况进行查询和列表导出功能。

(3)预警服务留痕。针对预警信号和靶向预警发布,对其预警类型、级别、发布时间、发布内容、发布对象、发布渠道和响应情况的记录进行信息化留痕和列表导出功能。

(4)发布对象留痕。针对不同类型的发布对象的基本信息修改内容、操作用户和操作时间进行信息化留痕和列表导出功能。

(5)基础信息留痕。针对基础信息管理,涉及的中小河流、地灾隐患点、防汛信息、中小学校、旅游景区、工矿企业、避难场所和医疗信息等部门信息的增删改记录、操作用户和操作时间进行信息化留痕和列表导出功能。

(6)用户信息留痕。针对系统所有用户的登录信息、登录模块、登录时间,以及用户信息修改内容、操作用户和操作时间进行信息化留痕和列表导出功能。

(7)其他留痕。对报警方式、短信语音、桌面报警、报警时效、数据延迟和防御区范围的修改信息、操作用户和操作时间进行信息化留痕列表数据导出。

3.8.3　实时监控

(1)监控系统提供平台的各子系统实时业务运行状态的实时展示平台,值班人员可通过综合业务运行监视平台方便、快速地了解关键业务系统的整体运行情况,当发现有故障或需要详细了解分系统运行详细信息时可以分系统实时监视平台上进行查询与操作。

(2)模块监控业务功能分类如表 3.2 所示。

表 3.2　模块监控业务功能分类

功能类别	功能描述
设施设备	设备健康状态监视、设备运行状态监视,实时显示设备空间存储情况
网络通信	实时显示各类数据在平台的接入和显示,以及传真、内外网连接状态的实时监测情况,监测各类数据如温度、降水、雷达、卫星、环境、风、能见度及相对湿度等要素的变化过程(提供时间轴选择功能)
运行状态	实时监视各类产品生成、图形产品生成等,显示各类产品按时发布状况,国家级/区级/地级指导产品等入库情况进行实时监控(未入库用红色显示,入库用绿色显示)
故障标注	及时显示图片生成、产品制作、材料发布等业务故障告警信息、设备、发送状态的故障信息
自动提醒	达到预警阈值、服务节点、业务流程等关键节点时的提示提醒(未开始任务用黑色显示,开始任务用红色显示,完成任务用绿色显示),针对发送失败的产品,及时提醒使用人员
动态监控	服务器运行状态监视、各子系统(基层防灾减灾基础数据、防灾减灾作战图、规章制度、基层防灾减灾队伍等信息)实时动态监控,对关键业务流程及流程中具体处理环节的运行状态进行监视

(3)监控结果以直观的表现形式,将数据产品实时发送状态和报警信息集中显示,为值班用户监视各内容运行情况提供方便、易用的人性化界面。

3.9 系统管理

新疆气象决策服务平台作为一个智能化、集约化、一体化的服务平台需建立一个统一的管理维护模块,用户、发布渠道、阈值、权限等综合管理功能,可调用新疆气象局现有的功能模块,实现系统管理维护设置、预报预警规则快速设置、用户信息管理(图 3.31)。

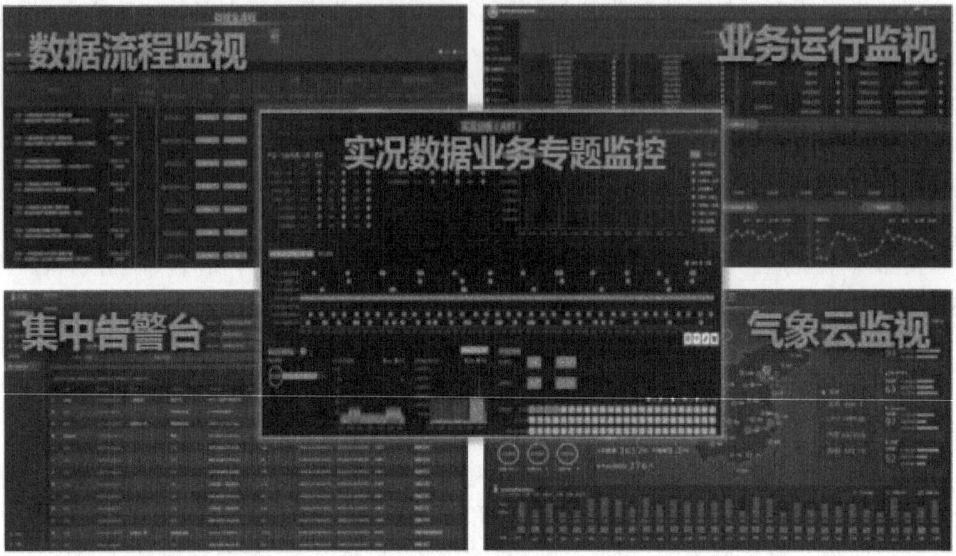

图 3.31　系统管理

3.9.1　模板、素材、权限管理

权限管理主要用于对用户的权限设置,限制用户访问不同的平台模块,可对数据中心和各子系统模块进行访问和操作限制,从而保证平台的安全管理。通过勾选的方式,对各模块权限进行启用和禁止。

模板管理:

①产品模板管理:文字产品模板管理,为决策服务产品制作提供模板维护管理。用户可为决策服务产品订制多个模板(每一类服务产品一个模板),在模板中使用标签,标签可被系统自动替换,这些标签应包括:要素预报、气候相关均值、极值等数据,还包括自定义一些关键词和替换规则:如单位名称、值班员姓名、日期等。产品模板的格式类型主要包括 txt 文本模板、word 模板。主要功能包括模板创建、模板内容编辑、制作时间设置、发布渠道设置、产品名设置、是否自动制作与分发设置。

②分类素材管理:为产品制作模块中素材制作提供标签维护管理的模块。用户可通过该模块,配置数据转换标签,并应用于“预报预警”进行素材的预生成。

通过树形菜单创建素材分类,创建后默认标签名为素材分类名称,可在分类内容中填写文字内容,也可通过“工具箱”将网格预报的素材标签插入文本框中。

标签工具箱可选择经纬度、站号、类型、模式、要素、起报时间、时效/时段、要素处理符、数值处理符，生成格式化的素材标签。

设置素材类型的制作时间和制作时段，制作时间支持每天、每周、每月、每年固定日期选择，制作时段支持多时段选择。

所创建的素材分类可在“决策产品制作”模块中的素材制作中显示。在决策服务制作中新建，则会将预先配置好的素材标签，根据预报数据转换为文字信息。

3.9.2 阈值、发布渠道管理

(1)阈值管理：可针对降水、高温、低温、大风、能见度等报警要素进行阈值设置，通过设置有效时段和各要素不同级别的阈值，当自动站数据达到阈值，在地图界面对达到阈值的站点数据进行闪烁报警提示。

针对部分决策产品模板与阈值设置相关联，根据业务需求设置实况要素阈值，站点百分比等信息，当实况数据达到报警条件后，根据对应模板自动生成决策服务产品。

(2)渠道管理：主要为系统设置发布渠道，发布渠道主要包括短信、传真、本地路径、邮箱、FTP、NOTES 等。可在相应的发布渠道下创建新的渠道信息。各渠道设置见图 3.32。

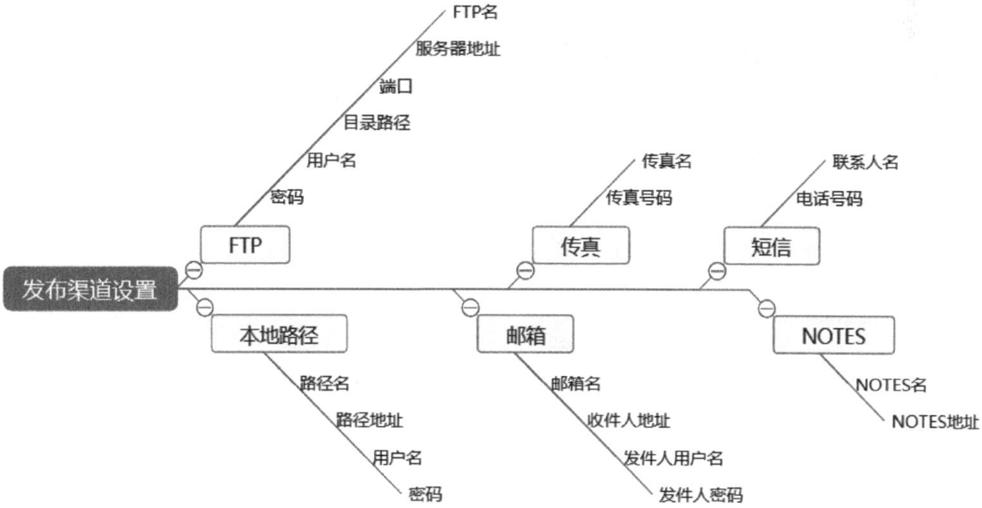

图 3.32 发布渠道设置

由区级管理员统一配置修改分发用户的选择权限，地州级管理员分配，设置产品发送失败的重新发布策略，提供最终分发情况报告。

3.10 用户管理

对用户的基本信息进行管理，包括新用户信息的增加、编辑、删除、修改等功能，用户的信息包括登录账户图标、隶属单位、用户名称、昵称、用户密码、联系方式、邮箱信息等。

通过角色选择为不同类型的用户进行授权。

管理员可以对系统平台进行日常的维护以及用户的新增等。

支持创建地州级管理员用户，通过该用户登录系统管理模块可管理地州级预报用户。

第 4 章　气象防灾减灾服务平台使用指南

4.1　系统概况

气象防灾减灾服务平台(以下简称"一体化平台"),采用主流的 B/S 架构。主要从防灾减灾决策服务平台,预警发布系统,产品发布系统,短临预警平台,综合观测平台,决策服务平台组成。实现了地市级行政区域内自动站数据的预警制作、综合报警、预警发布、地图制作、灾情数据管理、灾情统计以及防灾减灾数据集管理等功能。

平台采用 B/S 架构,用户使用 Google Chrome、搜狗浏览器的最新版本,输入系统访问地址即可进入系统登录界面(图 4.1),然后分别输入"用户名"和"密码",点击"登录"按钮,授权用户可进入系统主界面。

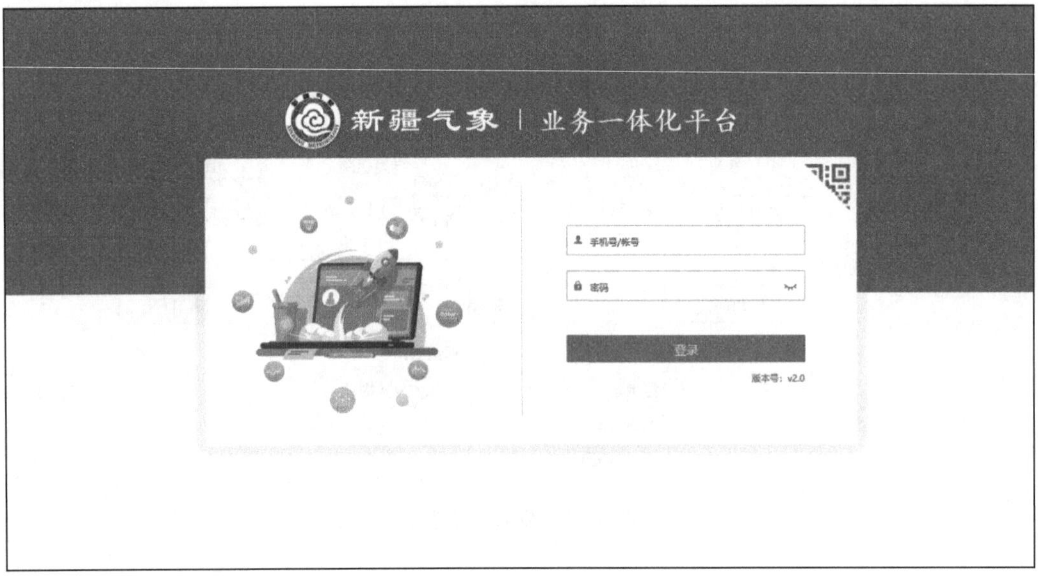

图 4.1　登录界面

4.2　防灾减灾平台主要功能以及使用说明

4.2.1　平台主界面介绍

平台主界面上,顶部①为标题栏;标题栏的下方②是系统主菜单;③地图选择要素显示界面(地图元素控制,卫星观测 FY-4A,防灾减灾数据,预报实况报警);④基于地图的数据叠加可视化界面。

本系统地图页面(图 4.2)提供按行政区域查询防灾减灾地点。提供手动画圆圈查看一种或多种防灾减灾地点。提供快速定位旅游景点和应急避难场所。在界面左侧气象自动站数据上可以分区查询、搜索、统计自动站数据。点击“查看”可以看过去小时温度、降水、风速、相对湿度以及能见度变化。右侧的快速查询栏上可以按照时段查看降水、风、温度、能见度、气压等信息。统计查询栏上可以按照气象要素和时段统计出气象自动站信息。

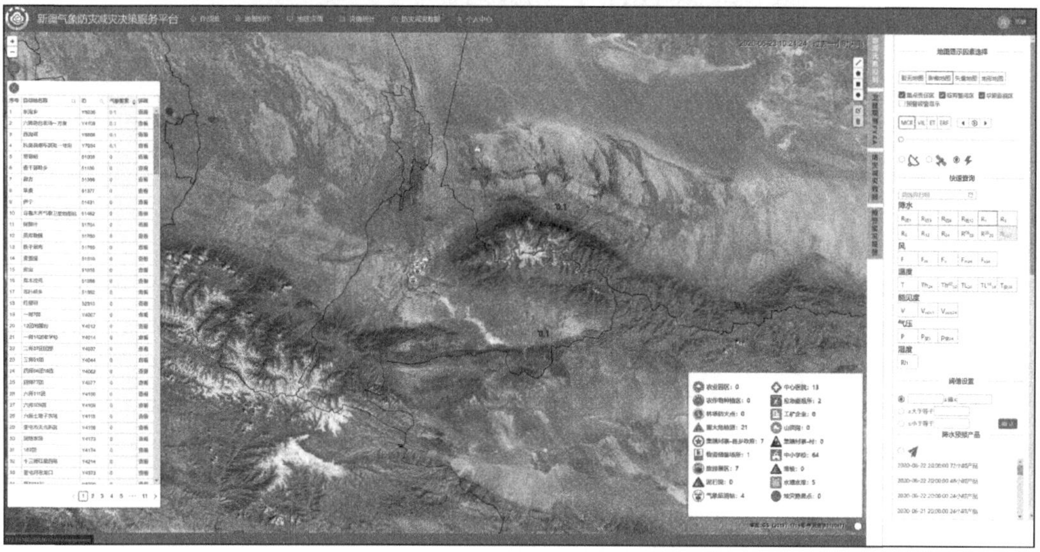

图 4.2　系统主界面

4.2.2　防灾减灾地点查询

本平台地图页面(图 4.3)提供按行政区域查询防灾减灾地点。提供手动画圆圈查看一种或多种防灾减灾地点。提供快速定位旅游景点和应急避难场所。

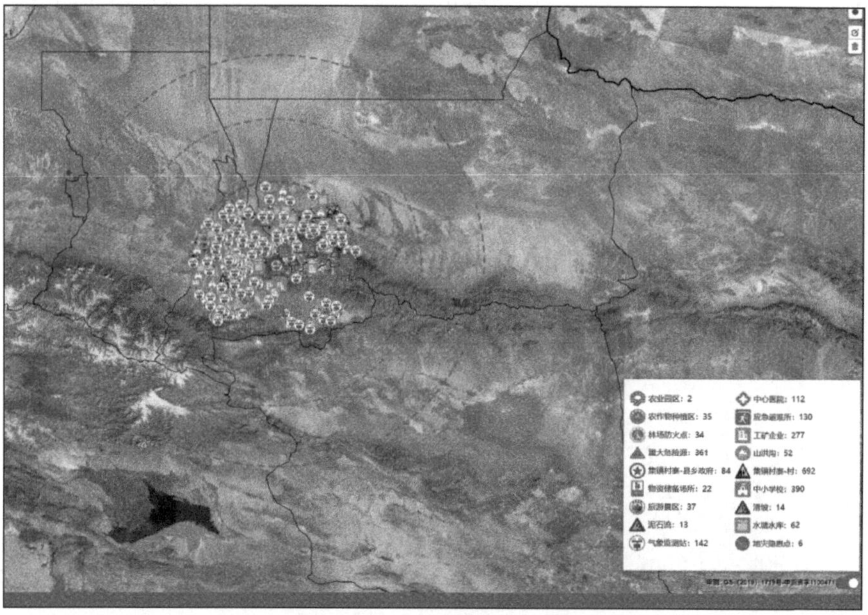

图 4.3　地图界面

点击地图左侧上角的黑圆圈然后用鼠标在地图上画一个圆圈，弹出地点类型选择框，选择要查看的防灾减灾类型后点击“确认”，地图就会出现该区域内的防灾减灾地点数据，鼠标移动到地点图标就可以看到该地点的详情数据(图 4.4)。

图 4.4　地图主界面

4.2.3　地图制作

地图制作模块(图 4.5)可以对于一本账的地理信息基础数据进行管理。管理方法就是先在地图上根据县选择显示一本账地理信息数据。这些地点可以跟影像地图相结合观察。如果地点的数据准确或者在县界外，可以点击左上角的编辑按钮，数据对地理进行编辑(图 4.6)，进入定位状态。可以通过拖动来修改这些地点数据的经纬度。

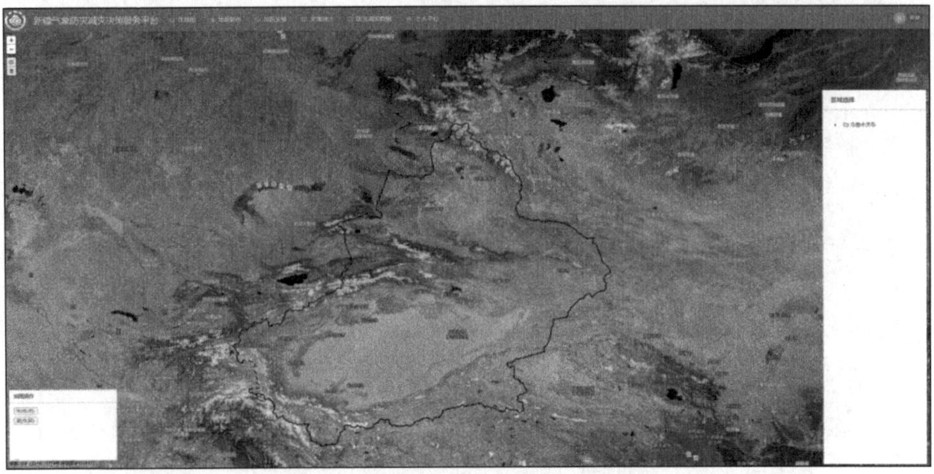

图 4.5　系统地图制作界面

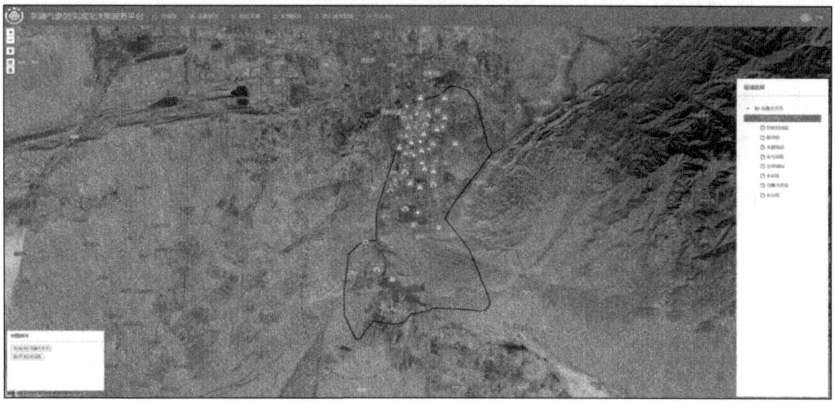

图 4.6　系统地图制作编辑地点界面

地图制作模块还可以在地图上直接标点输入一本账的地点信息(图 4.7)。先区域选择到县级别,然后点击左上角标点按钮将在地图上标记准确位置,然后输入地点的基本数据完成标点操作(图 4.8)。

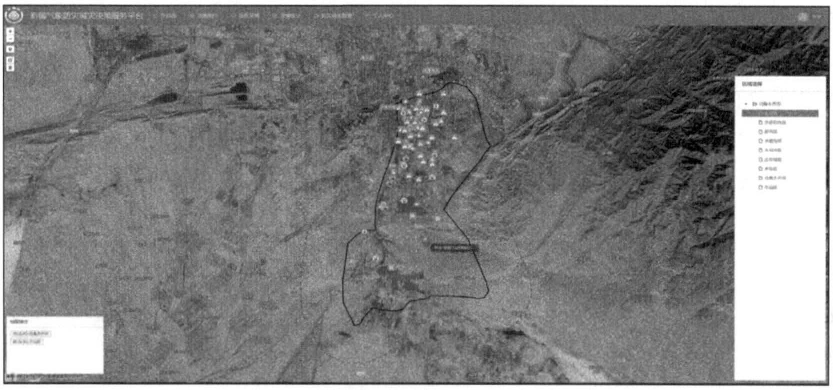

图 4.7　系统地图制作标点一本账标点数据

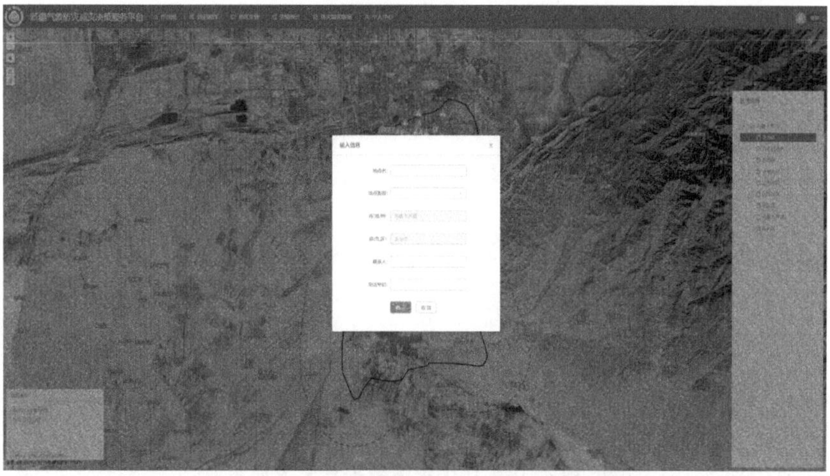

图 4.8　系统地图制作输入地点基础数据

4.2.4　地区灾情数据管理

本平台在地区灾情数据管理方面，提供了较为全面的功能(图 4.9)。提供按照行政区域、灾害类型、灾害发生时间来分析 1984—2014 年的灾情数据。提供数据插入，本地 Excel 数据导入，Excel 导出，对数据进行多点修改和批量删除。

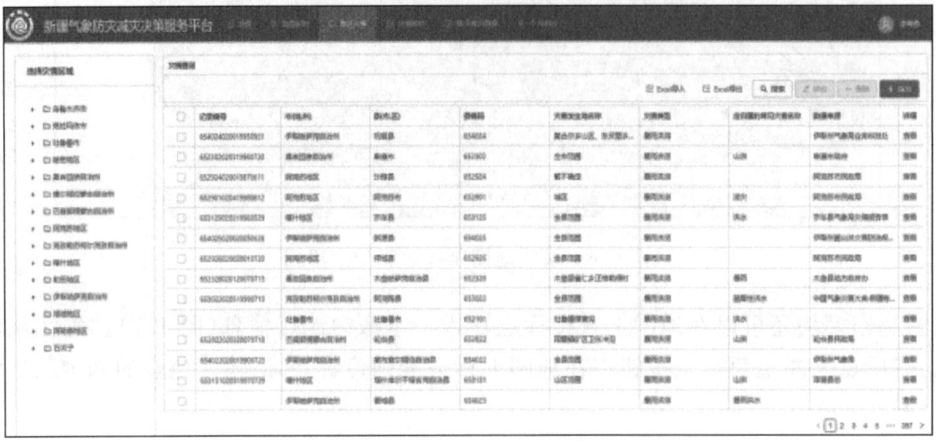

图 4.9　地区灾情界面

点击右侧蓝色的"添加"可以插入一条数据，勾选一条数据可以修改，勾选一条或多条数据可以删除数据，点击"搜索"在左侧弹出的搜索框上可以搜索历史灾情数据。目前有三种搜索条件开始-结束时间、行政区域、灾害类型，使用者可以按照一种或多种搜索条件进行搜索(图 4.10)。

图 4.10　地区灾情数据搜索界面

4.2.5　地区灾情统计

本平台提供以灾害发生时间和行政区作为参数按照 9 种基本灾害类型统计的死亡人数、受伤人数、影响人数、直接经济损失、农业经济损失、农作物成灾面积、灾害发生频率。提供统计结果以 Excel 文档形式导出。提供以数据视图、折线图、柱状图形式分析统计结果(图 4.11)。

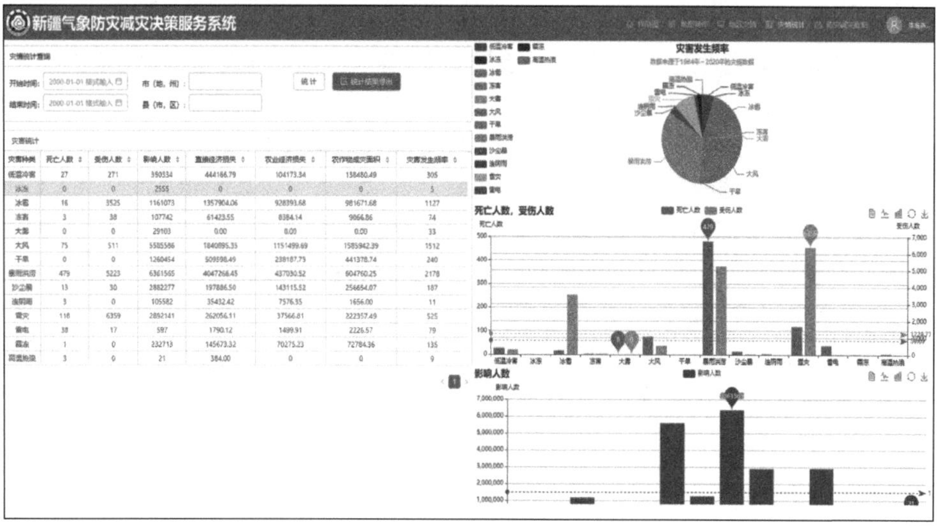

图 4.11　地区灾情统计界面

灾情统计查询页面上按照灾害发生时间和行政区域来进行统计，右侧栏自动显示统计结果的数据视图、折线图、柱状图，可以自行修改图形类型，可以用鼠标滚动条来进行选择性的对比几条数据，也可以把统计结果以图片格式导出到本地。

4.2.6　防灾减灾数据集管理

本平台按照全国气象防灾减灾数据格式标准把防灾减灾数据集分为地点数据、场所数据、基础数据、人员信息数据和单位信息数据四类。提供数据插入，本地 Excel 数据导入，Excel 导出，标准 XML 文档导出，对数据进行同步，多点修改和批量删除。提供各类防灾减灾数据的按关键字查询(图 4.12)。

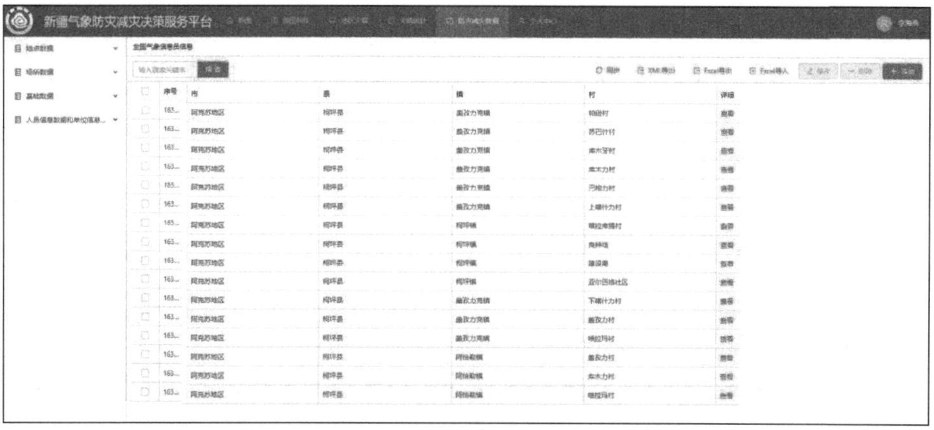

图 4.12　防灾减灾数据集界面

点击右侧的“添加”可以插入一条数据，勾选一条数据可以修改，勾选一条或多条数据可以删除数据，在左侧的搜索框可以按关键字查询数据。

4.3　预警制作平台主要功能以及使用说明

4.3.1　预警制作

本平台气象预警信号发布按照中国气象局 2007 年 6 月 12 日发布的《气象灾害预警信号发布与传播办法》规定，发布台风、暴雨、暴雪、寒潮、大风、沙尘暴、高温、干旱、雷电、冰雹、霜冻、大雾、霾、道路结冰等预警信号。平台可根据使用者的需要按预警类型、预警等级发布预警。提供在地图上落区选择、单点调整、落区删除。

点击“新建”打开预警制作界面（图 4.13），选择预警类型和预警等级，平台就会调用防御措施和防御指南模板给使用者自动生成相应的有效时长、签发人、预警期数、预警内容、防御指南等信息，使用者可以自行修改。预警信息类型分两类：正式预警和测试预警，选择测试预警会以测试预警的测试发出去。使用者可以在左侧的地图上手动画出落区，编辑预警内容和防御指南里出现敏感词时平台会提示 。点击“下一步”就会先给审核人发送预警发布确认信息。选择发布渠道后点击“立即发布”就会发布出去。

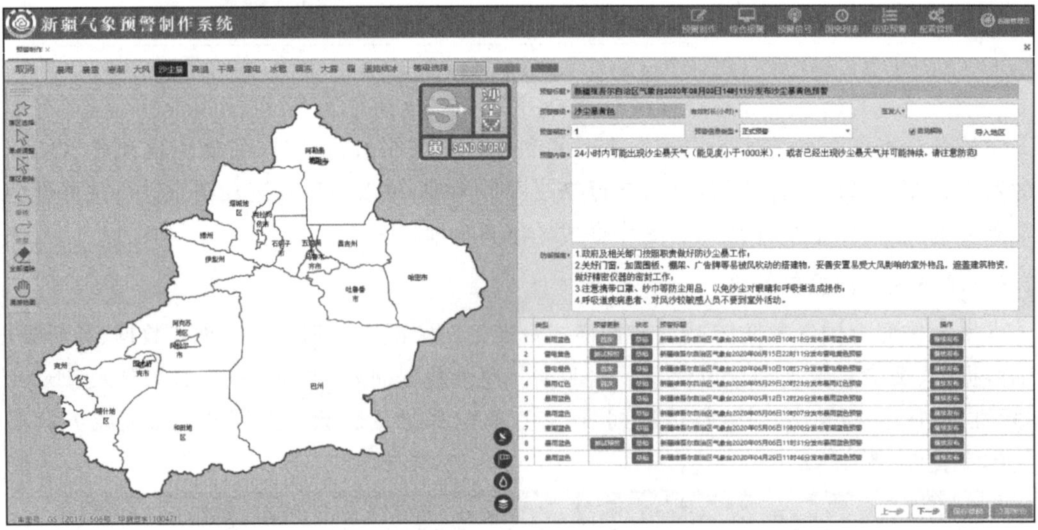

图 4.13　预警制作界面

4.3.2　预警配置模板制作

预警配置模块（图 4.14）按照有效时长，签发人，手机号码（可以有多个号码，以逗号隔开），发布单位，发送对象编辑预警编辑模板。提供预警配置模块的新增、修改、删除以及按关键字查询。

4.3.3　敏感词管理

本平台在进行预警制作操作时可以对防御指南和预警内容的敏感词处理。提供使用者自行对敏感词库的新增、修改、删除、查询（图 4.15）。

图 4.14　预警配置界面

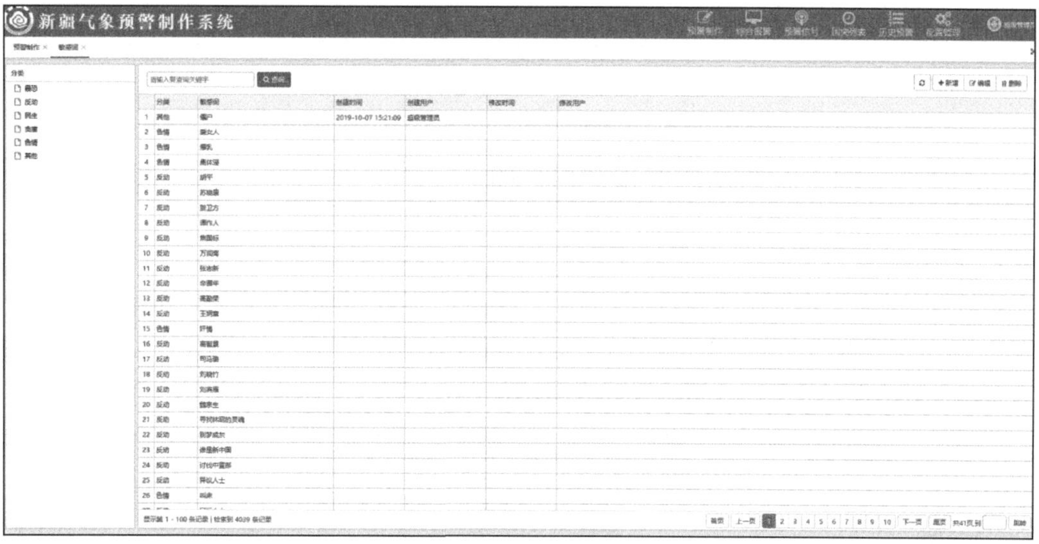

图 4.15　敏感词管理界面

4.3.4　历史预警查询

本平台在历史预警查询模块上可以按照预警类型、预警等级、各地州气象单位查询历史预警数据。提供对历史数据的修改、删除、更新、解除(图 4.16)。

4.3.5　综合报警

使用者点击菜单栏上更多应用，再点击“报警方案”可以选择方案并对方案进行编辑，也可以新增报警方案。点击“新增”对方案进行编辑，选择所属单位、预警类型、报警级别和要素并填写最小值、最大值、开始时间、结束时间、提示语、取值方式、报警站数、区域站点和实况站点。实况站点和区域站点是二选一的，要是以区域为选择站点就不要选实况站点。启用报警方案以后，平台按照自动站数据对方案进行监控，比如过去 12 h 降水量小于指定的最小值，就对最小值最小的 10 个实况站点发送预警信号。

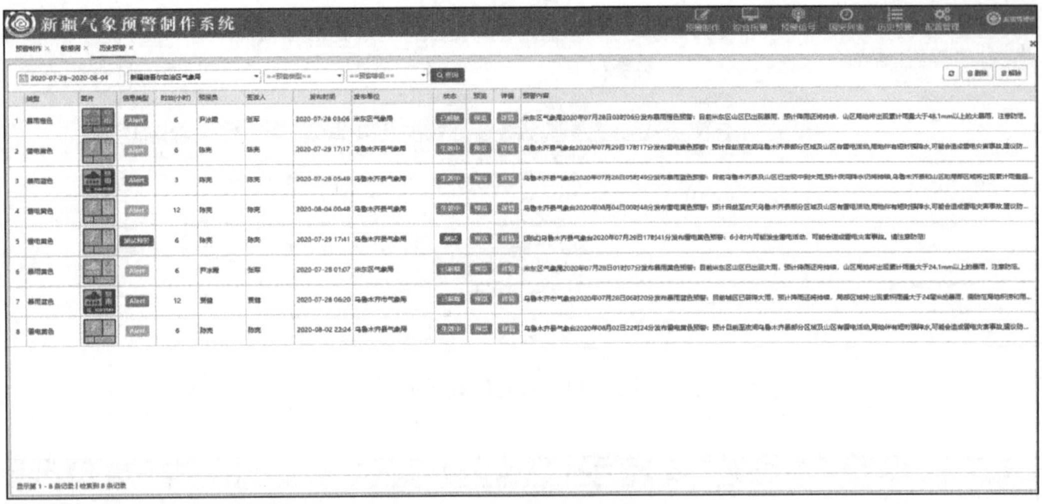

图 4.16　历史预警界面

4.4　产品发布平台主要功能以及使用说明

4.4.1　产品制作

产品发布模块左侧的是还未制作完成的工作任务，右侧的是已发布的工作任务。点击“产品制作”可以进行制作产品。点击右侧的“订正”可以对已发布的任务进行修改以及重新发布。本平台提供对已发布任务的详情查看功能(图 4.17)。

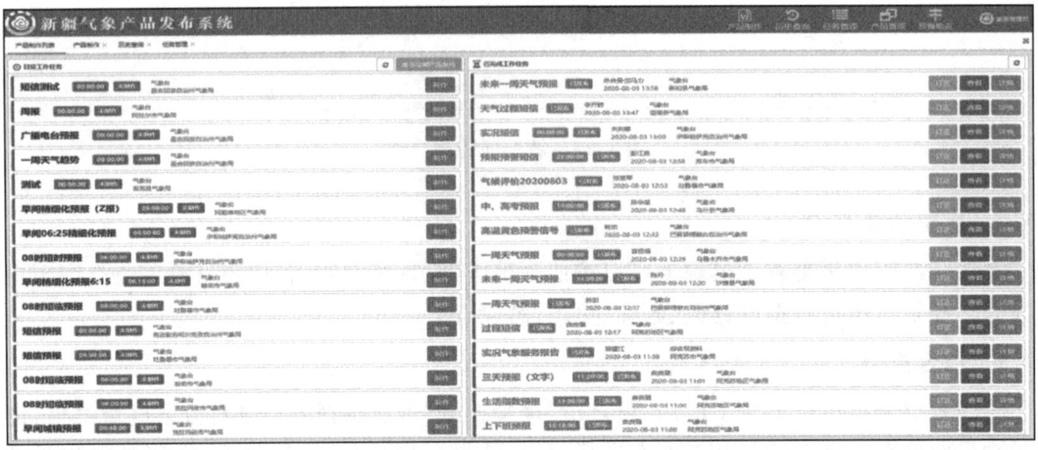

图 4.17　产品制作列表

4.4.2　任务管理

任务管理模块主要是对任务进行管理。可以按类型和关键字查询各气象单位任务。提供对任务的新增、编辑、删除、启用、停用以及复制(图 4.18)。

点击“新增”可以新建一个任务，弹出的新增框里填写任务名称、类型、预报模板、预报时

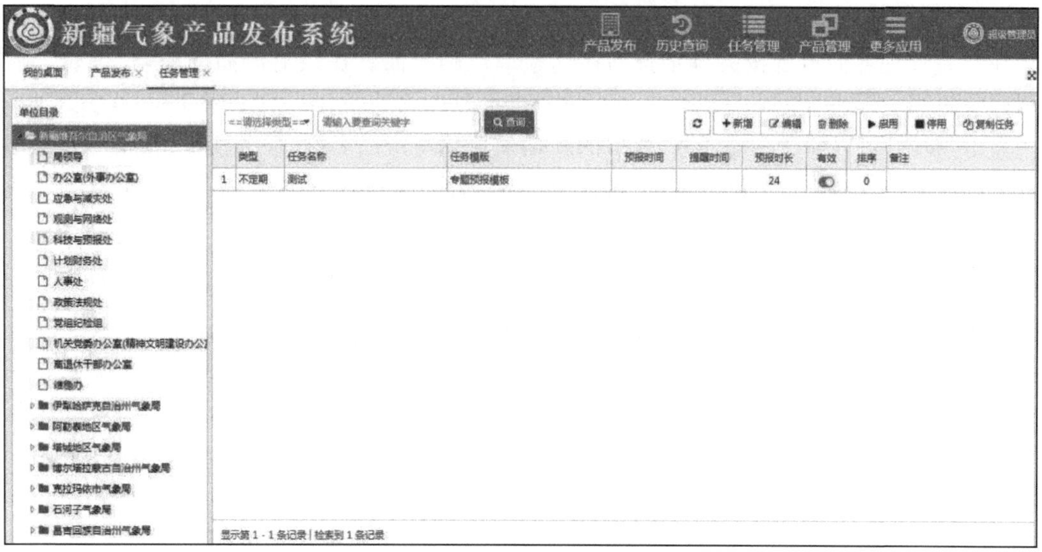

图 4.18　任务管理界面

长、预报时间、提醒时间等必要信息以后选择相应的发布对象并点击“确认”就会在产品发布模块界面左侧看到刚创建的任务(图 4.19)。

图 4.19　任务管理新增数据界面

4.4.3　产品管理

在产品管理界面可以按关键字查询各气象单位的产品。提供对产品的新增、编辑、删除、启用以及停用。

点击“新增”可以新建一个任务，弹出的新增框里填写产品名称、任务模板、预报时长等必要信息以后选择相应的发布对象并点击“确认”就会在产品发布模块界面左侧看到刚创建的产品。

4.4.4　历史查询

本平台在历史查询模块上可以按照多条件查询各地州气象单位的历史任务数据(图 4.20)。

图 4.20　历史查询界面

4.4.5　预报地点

本平台在预报地点模块上可以按照多条件查询各地州气象单位的预报地点数据。可以对数据进行新增、编辑、删除等操作(图 4.21)。

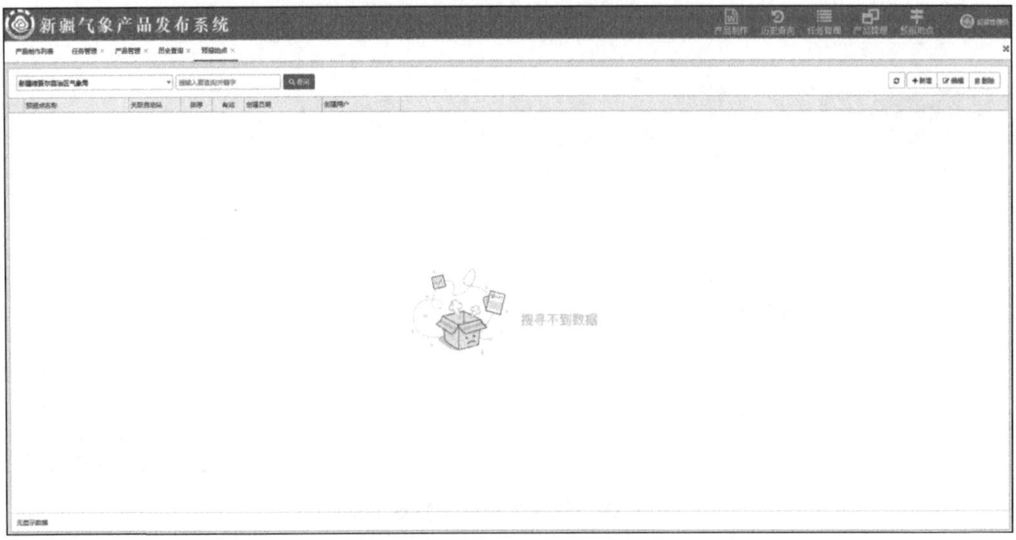

图 4.21　预报地点界面

4.4.6　实况查询

实况查询模块上可以按照时间和站点查询各地州气象单位的历史任务数据。提供日极值查询，历史日查询，历史旬、历史年查询，历史上的今天以及综合实况查询等功能(图 4.22)。

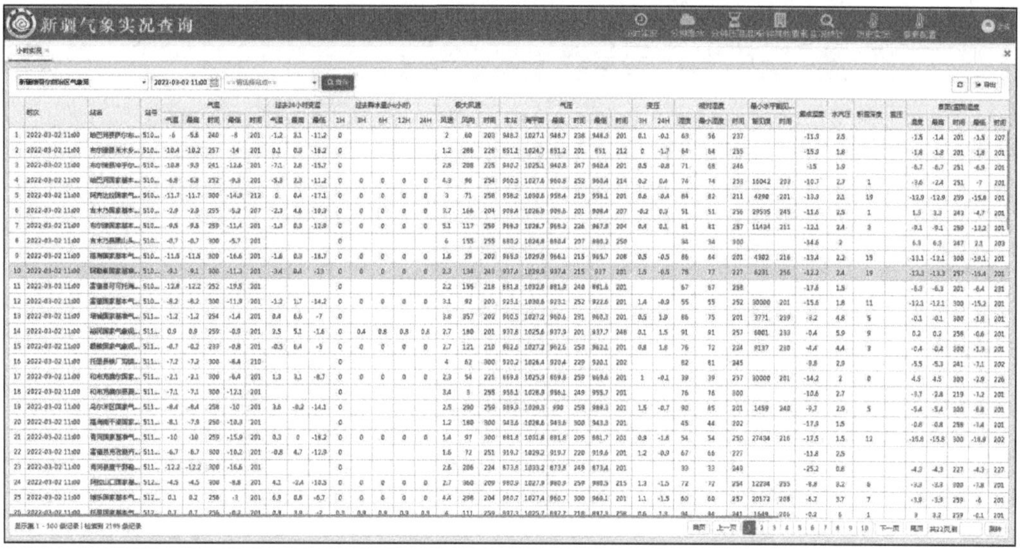

图 4.22　实况查询界面

4.5　气象综合报警平台主要功能以及使用说明

4.5.1　综合报警

综合报警模块右侧上面可以看最近发布的预警。右侧下面可以看到实况，提供生成实况和报警确认功能(图 4.23)。

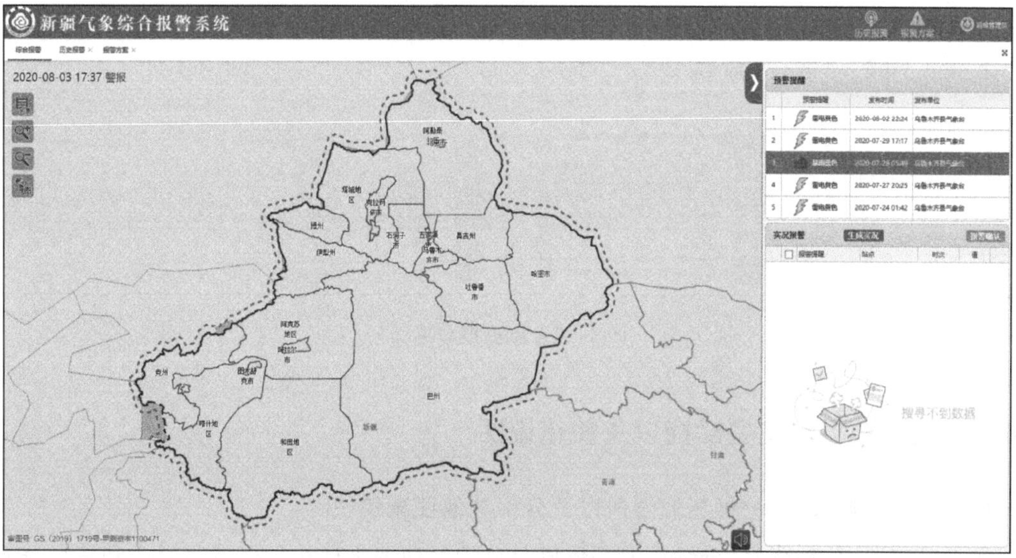

图 4.23　产品制作列表

4.5.2　报警方案

本平台在报警方案模块上实现了较为全面的功能。使用者可以以各单位、天气要素、关键字作为参数查询报警方案。提供报警方案的新增、编辑、删除、启用、停用以及详情查看等功能(图 4.24)。

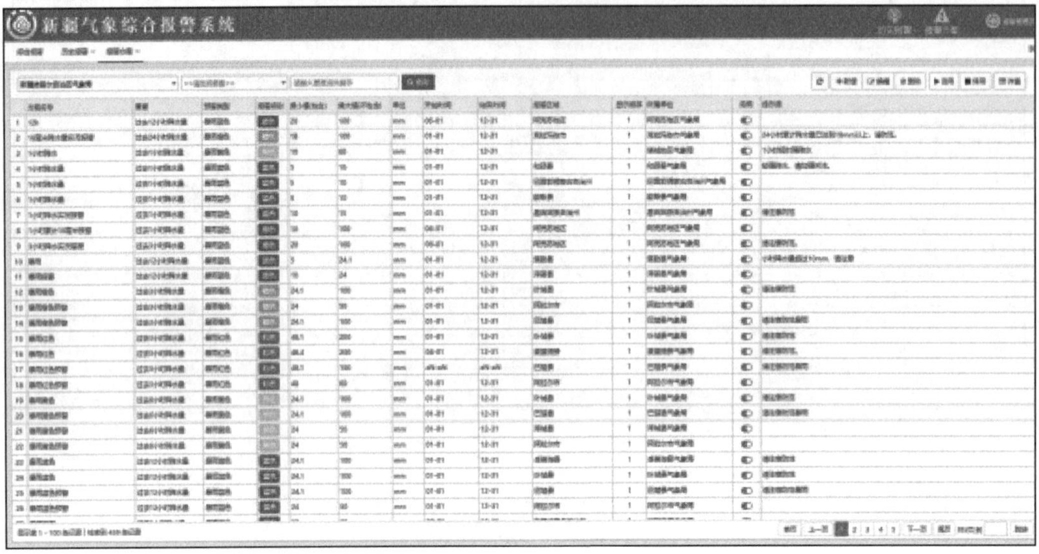

图 4.24　综合报警方案界面

4.5.3　历史报警

本平台在历史报警模块上可以按照任务类型和关键字查询各地州气象单位的历史报警信息(图 4.25)。

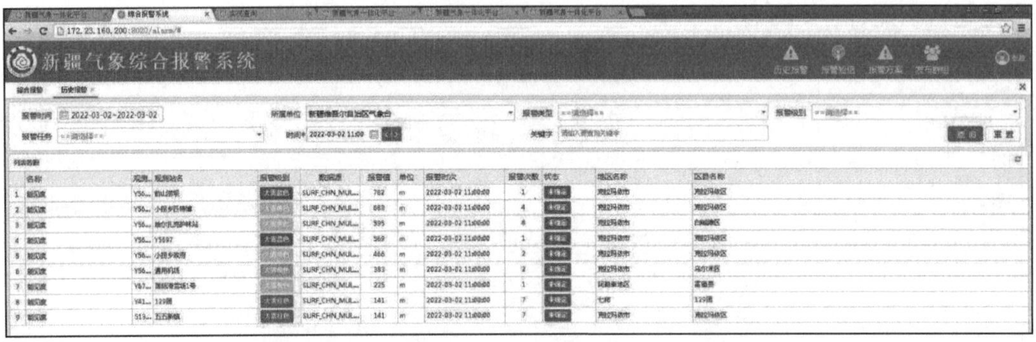

图 4.25　历史报警界面

4.6　实况查询平台主要功能以及使用说明

4.6.1　实况、分钟降水、分钟压温湿风以及分钟其他要素模块

在小时实况、分钟降水、分钟压温湿风以及分钟其他要素模块可以按照时次和站名查看各

地州气象单位的实况信息。右上角提供按需导出各类实况信息功能(图 4.26)。

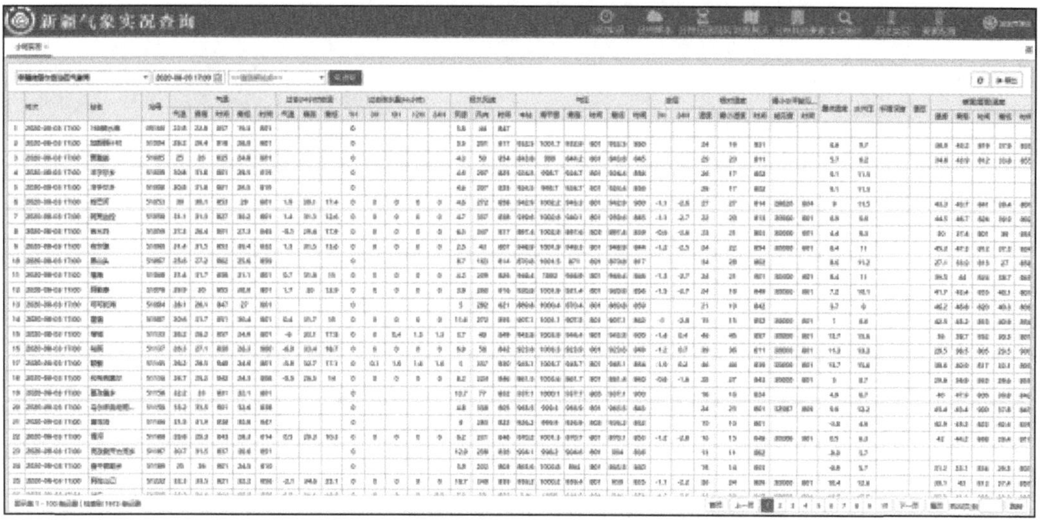

图 4.26　产品制作列表

4.6.2　实况统计

在实况统计模块可以按照多条件统计出各地州气象单位的实况信息(图 4.27)。

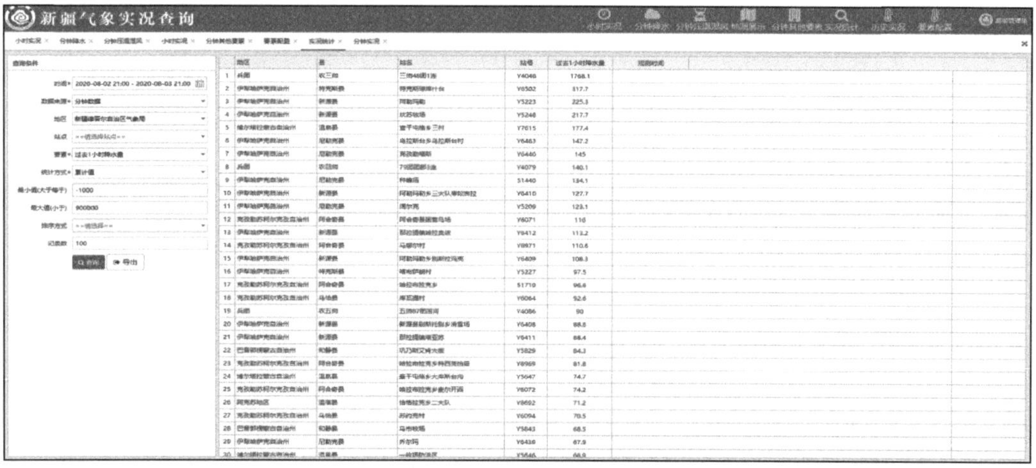

图 4.27　实况统计界面

4.6.3　历史实况

在历史实况模块可以进行日极值查询,历史日值查询,历史旬值查询,历史月值查询,历史年值查询等操作。右上角提供按需导出各类实况信息功能(图 4.28)。

4.6.4　要素配置

在要素配置模块可以按照各类气象要素进行新增、编辑、删除以及查询操作(图 4.29)。

图 4.28　历史查询界面

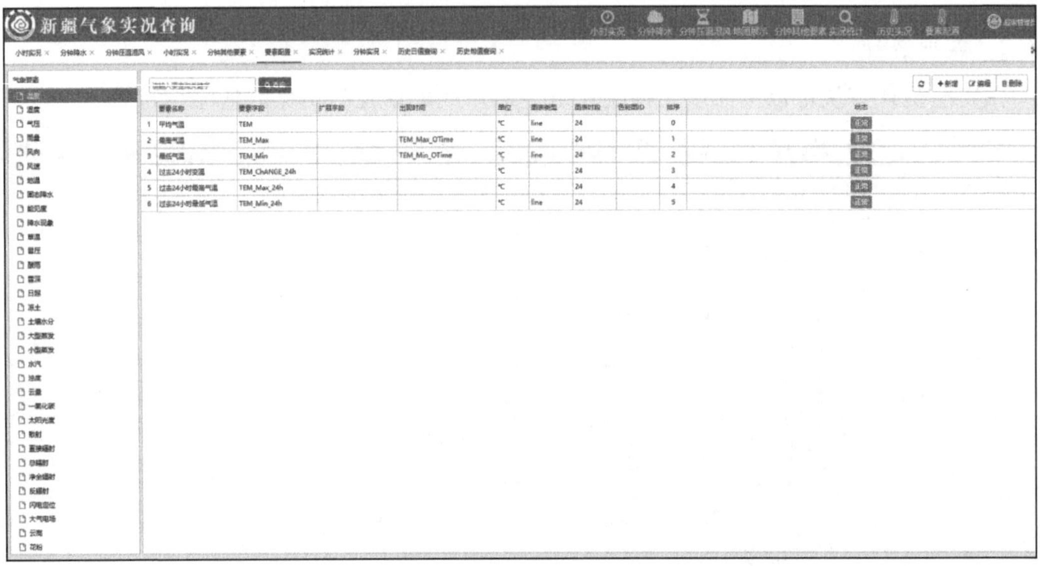

图 4.29　要素配置界面

4.7　决策服务平台主要功能以及使用说明

在决策服务模块上面的工具栏上提供了显示和隐藏标题以及单位名称功能。提供了修改字体大小，保存配置，生成图片对等功能(图 4.30)。左侧的工具栏上可以用站点工具、落区工具、曲线工具、文字工具，色斑图工具等工具对地图进行各类操作，支持撤销上一次的操作。界面右侧有五个小功能模块。实况监测模块上可以查看各个自动站的最新实况，可以按照气象要素和时段进行统计。在网格预报模块上可以按照数据模式、气象要素、时段查询最新预报。历史资料模块上可以按照气象要素、时段进行查询。地图控件上可以切换到行政地图、地形地图、影像地图。可以对地图各个行政区域边界线进行调整字体、字体大小、颜色以及地图缩放比例。可以自行编辑色斑图密度。可以编辑显示控件和出图尺寸。

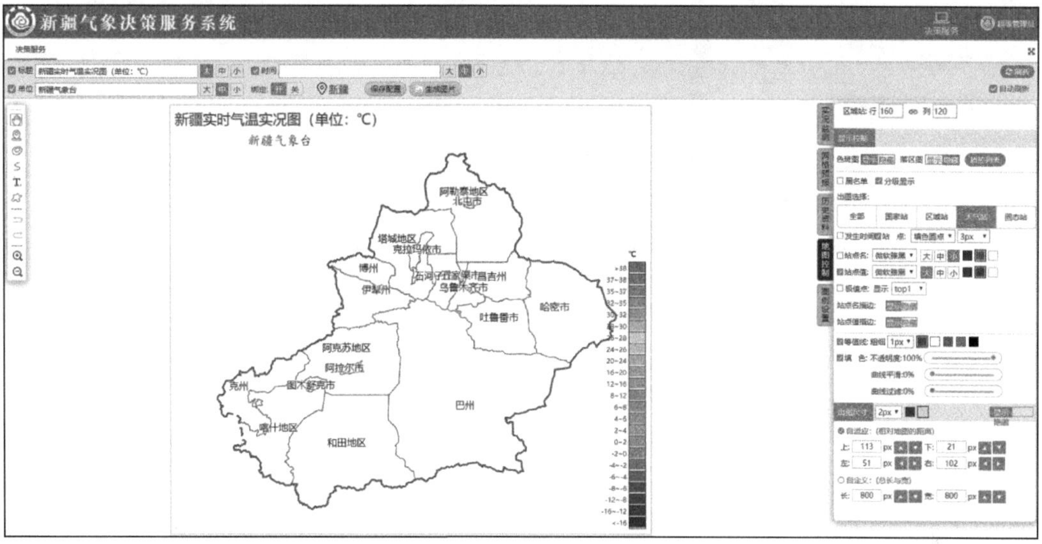

图 4.30　决策服务界面

4.8　发布对象管理平台主要功能以及使用说明

群组管理模块主要是对发布对象进行管理。可以按关键字查询群组用户。提供对群组用户的新增、编辑、删除、启用、停用、导入、导出等功能(图 4.31)。

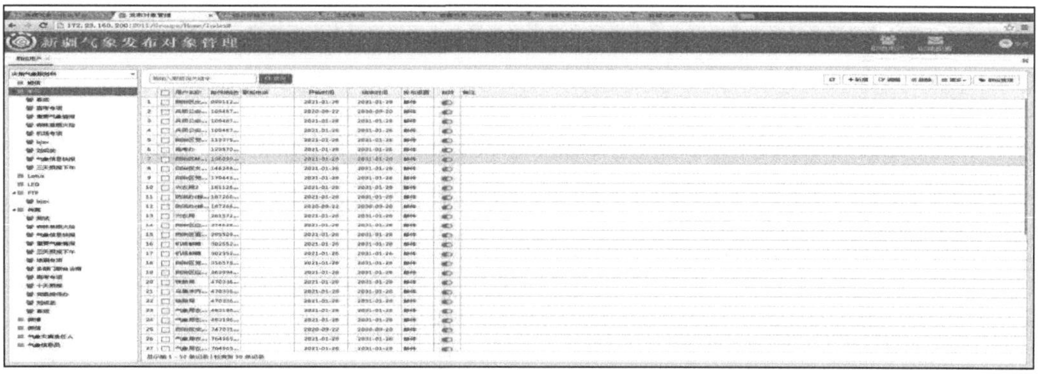

图 4.31　群组管理界面

4.9　权限管理平台主要功能以及使用说明

在用户管理模块上可以按照自己的权限进行对用户的编辑、新增、删除等操作。提供了导出用户信息的功能(图 4.32)。

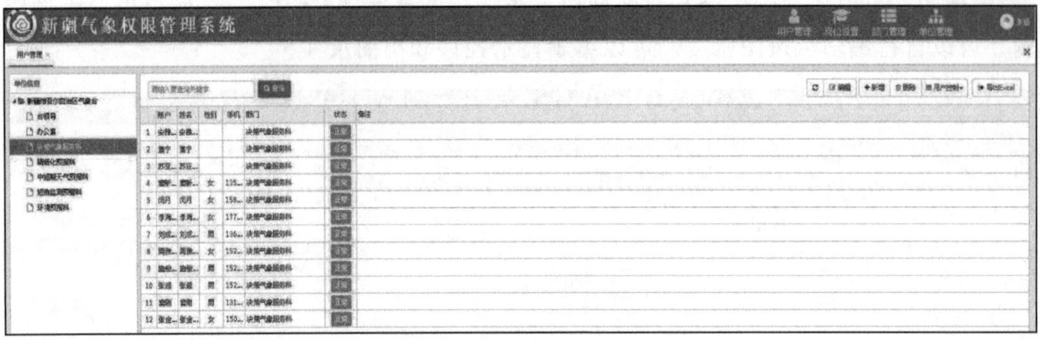

图 4.32　用户管理界面